Josef H. Reichholf
Johann Brandstetter

Regenwälder

aufbau

Josef H. Reichholf
Johann Brandstetter

Regenwälder

Ihre bedrohte Schönheit und wie wir sie noch retten können

Illustriert
von Johann Brandstetter

aufbau

Mit 14 Bildtafeln und 32 Vignetten

ISBN 978-3-351-03825-0

Aufbau ist eine Marke der Aufbau Verlag GmbH & Co. KG

1. Auflage 2021

Einbandgestaltung Anzinger und Rasp, München
Satz LVD GmbH, Berlin
Reproduktion Die Lithografen, Hamburg
Druck und Binden TBB, a.s., Banská Bystrica
Printed in Slowakia

www.aufbau-verlag.de

Inhalt

Vorbemerkung – Amazonien brennt

Amazonien brennt. Stärker als je zuvor. Zigtausende Quadratkilometer tropischer Regenwald gehen in Flammen auf. Allein im August 2020 wurden auf Satellitenbildern über zehntausend Feuer in Amazonien gezählt. Über 50 Prozent mehr als im gleichen Zeitraum des Vorjahres. Solche Meldungen gehörten im Sommer 2020 zu den wenigen Themen, die sich in die Flut der Berichte über die größte Pandemie, die jemals die Menschheit erfasste, hineinschieben ließen. Sogar die Klimaerwärmung und die »Fridays for Future«-Bewegung gerieten in den Hintergrund. Bis zu Beginn der Ausbreitung des Corona-Virus hatten sie die Umweltthemen beherrscht. Der Sommer, der Nordsommer, ist alljährlich die Zeit, in der die Erde zum flambierten Planeten wird. Denn auf der Südhalbkugel herrscht da weithin Trockenzeit, die unserem Winter entspricht. In dieser löschen keine prasselnden Wolkenbrüche die Feuer, mit denen Rodungen angelegt werden. Ungehindert können sie sich hineinfressen in den Wald oder über die Savannen hinwegfegen. In Brasilien nutzte der politisch umstrittene Staatspräsident diese Zeit, um die Vernichtung des Regenwaldes, des größten, den es global noch gibt, voranzutreiben oder diese wenigstens zuzulassen.

Dass sich so manches Feuer unkontrolliert ausbreitet, gilt als Kollateralschaden.

Gelegt wurden sie, wie seit Jahrzehnten, um Regenwald umzuwandeln in nutzbringendes Land. Für Rinderweiden, Sojafelder oder um landlosen Kleinbauern etwas zu bieten, mit dem sie sich einige Jahre abmühen können, damit sie keinen politischen Ärger machen. Folgen für das Klima der Erde? Darüber sollen sich die Europäer Sorgen machen. Sie unternehmen leider nichts, was wirksam würde. In den USA hielt indessen ein national gesinnter Präsident die Diskussion um den Klimawandel für unnützes Gerede, das nur Kosten verursacht und Schaden anrichtet, weil es Amerika nichts bringt. Die Argumentation des globalen Südens lautet in etwa so: »Was die Europäer, allen voran die stets auf Weltverbesserung bedachten Deutschen mit Energie-Einsparungen gewinnen, frisst das Wirtschaftwachstum in China in einem Jahr auf. Warum also nicht auch »Brasilien zuerst«? Die Bevölkerung wächst. Seit einiger Zeit zählt man schon über 200 Millionen Köpfe. Warum auf die Weltverbesserer hören, wenn es doch um den eigenen Fortschritt geht? Und den von ganz Südamerika, von allen Tropenländern. Formal sind sie längst befreit von der Bevormundung durch die Kolonialherren. Nun will man sich nicht wieder die Souveränität nehmen lassen. Mit dem »Gerede« vom unersetzlichen tropischen Regenwald und von der angeblich so großen Biodiversität, die er beherbergt. Ausnützen wollen sie diese doch bloß, die Neokolonialisten, verwerten für ihre Zwecke. Und wir, die so nachholbedürftigen Tropenländer, wir sollen sie dafür konservieren, unsere Tropenwälder.« So in etwa sehen es viele in Brasilien. 2020 vernichtete Brasilien daher auch etwa 15 000 Quadratkilometer seiner Regenwälder. Für Brasilien. Doch für wen in

Brasilien? Und wir Europäer? Wir lamentieren über den sterbenden Regenwald und kaufen doch bereitwillig die Produkte, die Brasilien und seine Nachbarländer im tropischen Bereich auf den einstigen Regenwaldflächen erzeugen. Für Export und Import gilt eine andere Moral, diktiert vom Geld, vom Gewinn, vom politischen Kalkül. Wie wir diese Situation ändern können, steht in diesem Buch.

Einleitung – Der grüne Gürtel

Der Blaue Planet trägt einen grünen Gürtel. Aus dem Weltraum betrachtet schimmert er auf, wo im Bereich des Äquators Kontinente und Inseln aus den Ozeanen ragen. Wälder sind es, tropische Regenwälder, die diese unterschiedlich breite, dunkelgrüne Binde bilden. Gebildet haben, müsste es heißen, denn der Gürtel ist schmaler und löchrig geworden. Rodungen haben ihn angefressen. Gebietsweise fehlt er bereits. Aus dem All wirkt dieses grüne Band wie von gigantischen Motten befallen. In den letzten hundertfünfzig Jahren ist mehr als die Hälfte der Regenwälder der Tropen vernichtet worden. Durch Raubbau in kaum vorstellbarer Dimension. Doch gerade in unserer Zeit dringen Brandrodungen weiter hinein in die verbliebenen Reste. Niemand und nichts hält sie auf, obwohl längst bekannt ist, wie bedeutungsvoll diese Wälder für uns alle, für die Menschheit und für das globale Ökosystem sind. An Fläche übertrifft sie zwar der nördliche Nadelwald, die Taiga, aber die Regenwälder der Tropen sind weitaus reicher an Lebensvielfalt und viel wüchsiger. Denn weder Winterkälte, wie in den nördlichen Nadelwäldern, noch Trockenheit, wie in den tropischen und subtropischen Savannen, schränken das Wachstum der Bäume ein. Dank der innertropischen

Lage beiderseits des Äquators erhalten diese Wälder Niederschlagsmengen, die in unseren, den klimatisch gemäßigten Breiten gewaltige Überschwemmungen hervorrufen würden. Zweieinhalb Meter Regen pro Jahr sind es mindestens, in weiten Regionen viel mehr und im Extrem bis über zehn Meter. Wasserfluten gehen nieder, die auf jeden Menschen, der sie zum ersten Mal erlebt, wie ein Zusammenstürzen des Himmels wirken. Die größten Flüsse kommen aus diesen Wäldern, der Amazonas in Südamerika, der allein ein Fünftel bis ein Viertel sämtlichen Wassers, das global Flüsse führen, in den Südatlantik ergießt. Im Jahresmittel sind es über zweihunderttausend Kubikmeter pro Sekunde. Der Kongo in Afrika bringt es als zweitgrößter auf rund vierzigtausend Kubikmeter pro Sekunde. Beim Rhein sind es zweitausend, also ein Hundertstel des Amazonas oder ein Zwanzigstel des Kongo. Welch ungeheure Wassermassen in den Einzugsgebieten dieser beiden Flussgiganten niedergehen, lässt sich aus solchen Zahlen dennoch nur erahnen. Tatsächlich bestimmen Wald und Wasser die Natur der tropischen Regenwälder. Aber auch die Winde, die vom Meer her die Niederschläge bringen. Sie sind eingebunden in ein tropisches Windsystem, das den Kreislauf des Wassers aufrechterhält. Über die Wolken zum Land und über die Flüsse zurück in die Ozeane. Eine weitgehend amphibische Welt entsteht in den Regenwäldern; eine Welt, die urweltlich wirkt und dies durchaus auch ist. Denn trotz wiederkehrender globaler Klimaschwankungen, die diese Tropenwälder schrumpfen ließen oder ihre Wiederausbreitung bewirkten, blieben sie als Waldgürtel über die Erdzeiten hinweg erhalten. Bis Menschen in unserer Zeit anfingen, die Wälder großflächig zu vernichten. Mit Auswirkungen, die weit schwerer wiegen als die Waldrodungen in außertropischen Regionen.

Von diesen Tropenwäldern handelt unser Buch, von ihrer Vernichtung und den Folgen für Menschheit und Natur. Aber auch davon, dass erhalten werden kann, was an Tropenwäldern noch existiert. Wie sich zeigen wird, sind wir, die Menschen der sogenannten Ersten Welt, großenteils dafür verantwortlich. Mit der Ausbeutung der Tropenwelt durch den europäischen Kolonialismus setzte die Zerstörung im 18. und 19. Jahrhundert ein. Überwunden ist dieser keineswegs. Er wird mit anderen Methoden fortgeführt. Maßgeblich beteiligt sind unsere Vorstellungen von »Grüner Energie« und unser Stallvieh. Es frisst Tropenwälder auf, weil diese für den Anbau von Futtermitteln und Ölpalmen gerodet werden. Unsere exzessive Viehhaltung, die weit über die Kapazitäten unserer eigenen Fluren hinausgewachsen ist, wirkt über die Vernichtung von Tropenwäldern in mehrfacher Weise auf das globale Klima ein. Es wird uns, unseren Kindern und Enkeln wenig nützen, sollten wir es tatsächlich schaffen, in Deutschland oder EU-weit »klimaneutral« zu werden, wenn die Auswirkungen unseres Wirtschaftens auf die Tropenwelt unberücksichtigt bleiben. Wie sehr wir über die Tropen das Klima verändern und wie viel von der noch existierenden Vielfalt des Lebens wir verlieren, wenn der Raubbau nicht aufhört, sind zwei der drei Kernthemen dieses Buches. Das dritte besteht im Anliegen, die Einzigartigkeit der Tropenwelt vor Augen zu führen und realistische Möglichkeiten aufzuzeigen, sie zu erhalten.

Die Regenwälder der Tropen sind nicht einfach Wälder, deren Flächen und Flächenverluste wir zu bilanzieren haben. Sie sind die mit Abstand artenreichsten Lebensräume der Erde. Menschengemachte Vielfalt und Schönheit lassen sich nach der Zerstörung wiederherstellen. Bei der Vielfalt und Schönheit der Natur geht dies nicht. Was wir anrichten, ist endgültig. Das neue Erdzeitalter des Menschen, das Anthropozän, meint nicht den Beginn einer schönen neuen Welt. Die Charakterisierung drückt aus, dass die Menschheit zur Katastrophe für die Erde geworden ist, vergleichbar dem Einschlag eines Riesenmeteoriten. Als Verursacher beteiligt sind jedoch längst nicht alle Menschen gleichermaßen. Einige wenige verhalten sich wie Parasiten, um sich zu bereichern. Die große Mehrheit hat die Verluste zu tragen. Nicht an Kenntnissen und Einsichten mangelt es, sondern an angemessener Kontrolle der zerstörerischen Mächte. Sie können und müssen in die Schranken verwiesen werden – zum Wohle von Menschheit und Natur.

Teil I: Tropische Lebensvielfalt

Grünes Paradies – grüne Hölle

Tropische Regenwälder quellen über vor Artenfülle. Hinter jedem Blatt verbirgt sich geheimnisvolles Leben. Vor Blumen, die in leuchtenden Farben und bizarren Formen erblühen, schwirren Vögelchen, die aufleuchten wie Edelsteine, wenn sie ein Sonnenstrahl trifft. Affen turnen wie schwerelos an Lianen, bunte Papageien fliegen vorüber, und Düfte von betörendem Aroma durchziehen die Waldpfade. In paradiesischer Nacktheit leben Menschen als Naturkinder, die in der dauerhaften Wärme keine Kleider benötigen. Junge Mütter liegen in schaukelnden Hängematten, ihre Babys an den Brüsten. Geräuschlos kommen Jäger mit Pfeil und Bogen zurück ins Dorf mit einem erbeuteten Wildschwein, das alsbald zu einem duftenden Festmahl geröstet werden wird. Irgendwie so muss das Leben im Paradies gewesen sein. Vielleicht mit etwas weniger dichtem Wald, der die Sonne nur in kleinen Reflexen und Blitzchen zum Boden kommen lässt. Ähnlich wie unsere Wälder vielleicht, nur vielfältiger, geheimnisvoller und jahraus, jahrein warm. Gilt unser Wald schon als »grünes Paradies«, so muss es sich bei den Tropenwäldern geradezu um ein Überparadies handeln.

Solch idealisierte Vorstellungen, verbunden mit der Sehnsucht nach einer unbekannten Urheimat, entstanden seltsamerweise in einer Zeit, in der Glücksritter und Forscher den Regenwald der Tropen als »grüne Hölle« erlebten und auch so schilderten: In der Dauerfeuchte verschimmelt die Kleidung, setzen sich Pilze auf der Haut fest und arbeiten sich in diese hinein, stechen die verschiedensten Insekten, saugen Blut, übertragen dabei lebensgefährliche Krankheiten, und hinter der nächsten Baumwurzel liegt eine Giftschlange bereit zum Zuschlagen. Oder sie lässt sich von oben auf die Ahnungslosen fallen, die sich mit dem Buschmesser gerade einen Pfad freischlagen. Nachts kommen Vampirfledermäuse und suchen die fiebrig Schlafenden heim, um sich an ihrem Blut zu laben. Heimtückische Eingeborene locken mit Rufen oder Flötentönen die Irrenden tiefer in die weglosen Wälder, wie einst Pan in die griechischen Buschwälder der Antike. »Indianer« oder Pygmäen erweisen sich als von Krankheiten entstellte, leidende Kreaturen, die seltenste, vom Aussterben bedrohte Tiere töten, um noch ein paar Tage weiter zu überleben.

Paradies und Hölle scheinen vieltürig miteinander verbunden und durchaus austauschbar. Beide Bilder repräsentieren auf ihre Weise die Wirklichkeit als zwei Ansichten, die einander gar nicht widersprechen, sondern sich ergänzen. Was schwer zu fassen ist für jemanden, der sich in einer dieser beiden Blickwelten befindet, weil dann die jeweils andere als Ausgeburt einer irren Phantasie erscheint. Beide Sichtweisen charakterisieren aber die Lage. Die Tropenwälder sollen mit ihrem Reichtum an Arten und Lebensformen, mit ihrer Schönheit und Einmaligkeit erhalten werden, soweit dies irgendwie noch geht. Aber wer in ihnen, in ihrem

Naturzustand, leben muss, sieht sich genau jenen ebenso übertrieben dargestellt wirkenden Gefahren ausgesetzt. Für Menschen ist das Leben im tropischen Regenwald kein Urlaub im Paradies. Der Mensch war seiner Natur nach kein Regenwaldbewohner, und der Regenwald selbst ist kein Garten Eden, der üppig gibt. Diese Paradoxie aufzulösen gehört zu den Hauptschwierigkeiten der Annäherung an den tropischen Regenwald, und zwar in beide Richtungen. Deshalb ist der erste Teil des Buches den Lebensbedingungen in diesen Wäldern gewidmet. Nur wenn wir sie hinreichend kennen, lassen sich Art und Folgen der bisherigen Nutzungen verstehen und – hoffentlich – durch bessere Konzepte ersetzen.

Erste Eindrücke vom tropischen Regenwald

Die derzeit noch größten tropischen Regenwälder gibt es in Amazonien, in der Kongoregion und auf Borneo. Wer sie besuchen will, bringt Vorstellungen mit, genährt von den Klischees, die im vorigen Abschnitt hervorgehoben wurden. Lassen wir die Abenteurer beiseite, die sich hineinwagten und darüber berichteten, wie sie die »grüne Hölle« überlebten. Die andere Annäherung geht von der Erwartung einzigartiger Tropenwunder aus. In Rudyard Kiplings »Dschungelbuch« erlebt Mowgli, das Menschenkind, die Affen, den Panther, den Tiger, den Bären, die Elefanten und andere. Doch der indische Dschungel meint nicht den tropischen Regenwald, wie wir noch sehen werden, sondern einen Monsunwald, der seit Jahrtausenden von Menschen genutzt wird und eigentlich nicht zu den tropischen Regenwäldern gehört. Welche Tiere können wir in solchen erwarten, in Amazonien zum Beispiel? Affen wohl sicher, den Jaguar, der noch größer und stärker als ein Panther (Leopard), aber schwächer als ein Tiger ist, aber keine Elefanten und Bären, denn die amazonischen Ameisenbären sind ganz anders geartete, höchst seltsame Tiere. Selbstverständlich gibt es Papageien und andere bunte Vögel. Kolibris zum Beispiel; Winzlinge mit besonderer Flugweise, die wir noch näher betrachten werden. Und Schmetterlinge von schier überirdischer Schönheit. Aber der allererste Eindruck wird von alldem kaum etwas bieten. Oftmals fällt er geradezu enttäuschend aus. Das Grün der Blätter wirkt stumpf, fast abweisend. Die Bäume, die sich auf den ersten Blick nur nach Palmen und Nicht-Palmen unterscheiden lassen, sind keineswegs voller herrlich blühender Orchideen. Auf anmutige Vogellieder lauscht man vergebens, zunächst zumindest. Eher dringen misstönende, weil zu schrille Laute von Zikaden in unsere Ohren.

Die mit Abstand häufigsten Tiere bekommen wir kaum zu Gesicht, aber schmerzhaft zu spüren, wenn wir nach Lianen greifen, Zweige vom Pfad beiseitedrücken oder uns auf einen umgestürzten Baumstamm setzen. Es sind die Ameisen und die Termiten, die der Menge nach das Tierleben des amazonischen Regenwaldes bestimmen. Die Termiten bleiben unseren Blicken verborgen, bis wir ihre Nester erkennen. Als dunkle Gebilde sitzen sie an Stämmen, wo Äste abzweigen, oder sie kleben einfach daran. Wie dicke Adern oder seltsame Formen von Wurzeln verlaufen röhrenartige Gänge, die sie bauen, zum Boden herab. Termiten scheuen das Licht. Wo sie, wie im Überschwemmungsbereich der Flüsse, keine Bodennester anlegen können, weichen sie in die Baumkronen aus. Die »Adern« ihrer Gänge geben einen zu schwachen Eindruck davon, wie häufig sie sind. Auch von den Ameisen, die in höchst unterschiedlichen

Arten im Regenwald leben, sehen wir zu wenig, um ihre Häufigkeit erahnen zu können. Indirekt drücken es Spezialisten der Tierwelt aus, die von Ameisen und Termiten und von sonst nichts leben.

Wichtig für den ersten Eindruck ist das Verständnis der Mengenverhältnisse: Termiten und Ameisen stellen mehr tierisches Lebendgewicht auf die Fläche bezogen, also pro Hektar Regenwald zum Beispiel, als die übrige Tierwelt aus Affen und Vögeln, Käfern und Schmetterlingen zusammen. Was auch bedeutet, dass sich ausgerechnet die Tierwelt, die wir beim Besuch des tropischen Regenwaldes erwarten, durch Seltenheit auszeichnet. Vielfalt und Seltenheit gehören zusammen. Das wird eine wichtige und sehr folgenreiche Lektion sein. Der erste Eindruck ist richtig und wichtig. Wir finden keine Serengeti voller Tiere vor, wenn wir solche tropischen Regenwälder besuchen, die sich noch weitgehend im Naturzustand befinden. Was uns erwartet, ist eine Masse von Grün voller gewaltiger Baumstämme, eine Pflanzenwelt, in der es wichtig ist, auf jeden Schritt zu achten, den wir tun, und Zugriffe auf Lianen tunlichst zu vermeiden, bis wir genau geprüft haben, ob sie nicht von schmerzhaft stechenden Ameisen besetzt sind. Anders als in den südostasiatischen Regenwäldern lauern in Amazonien keine Landblutegel auf uns. Aber wo immer ein Pfad verläuft, kann es Milben (Jiggers) geben, die juckende, sich entzündende Stiche erzeugen, wenn sie sich in unsere Haut einbohren. Und wo uns Stechmücken überfallen, können wir sicher sein, dass Ansiedlungen von Menschen die Brutstätten dafür geschaffen haben und wir daher mit Malaria und anderen von Mücken übertragenen Tropenkrankheiten rechnen müssen.

All das tritt zurück, wenn uns ein zartes Brummen aufmerksam macht und wir bemerken, dass wir angeschaut werden. Ein Kolibri steht in der

Luft auf Armreichweite vor unserem Gesicht, rutscht ein Stück zur Seite, nach vorn oder zurück und studiert uns so offensichtlich, dass man nicht weiß, ob er begrüßt werden will – und wenn ja, wie. Sein Gefieder schimmert smaragden, ohne tiefe Brillanz, wenn es sich um ein Weibchen handelt, aber juwelenhaft mit Glutrot, Saphirblau oder Violett bei Männchen. Im nächsten Moment ist der Winzling verschwunden. Weg, als ob er eine Einbildung gewesen wäre. Doch da gleiten blaue Blitze auf dem dunkelschattigen Pfad auf uns zu. Im Vorbeischweben erkennen wir, dass es ein Schmetterling ist, mehr als handflächengroß und mit schillernd blauer Oberseite der Flügel. Ein Morpho.

Und plötzlich hören wir Vogelgesänge, die wir zumindest als solche deuten möchten, und Folgen von Pfeiftönen, bei denen wir nicht sicher sind, ob sie von Fröschen oder doch von Vögeln stammen. Gezirpe und Gekreisch deuten wir als von Zikaden kommend. Vielleicht; vielleicht auch nicht. Hell klingende, weit durch den Wald schallende Hammerschläge macht kein Schmied, sondern ein Vogel. Geschnatter kann von Papageien oder Affen ausgehen, zwitscherndes Gezirpe aber auch. Wir sehen davon meistens nichts und können daher das Gehörte nicht zuordnen. Nur kundige Führung verrät die Rufer. Oder man erlangt selber ausreichend Expertise durch langjährige Erfahrung.

Das sind völlig andere Verhältnisse als die, die weit gereiste, welterfahrene Naturfreunde von ostafrikanischen, süd- und südostasiatischen Nationalparks kennen, wo man bequem vom Liegestuhl aus mit Fernglas und Bestimmungsbuch die bunte Fülle der Vögel studieren und dazu die großen Wildtiere panoramaartig genießen kann. Webervögel fliegen an vielen solcher Lodges zu den Veranden, angelockt von Futterstellen oder weil sie gelernt haben, dass die Touristen, denen Es-

Anfangs überwältigt die Fülle. Man weiß nicht, wohin man die Blicke richten soll. Überall gibt es eine Vielfalt zu sehen, die einfach überfordert. So der erste Eindruck im Regenwald von Costa Rica; ein Zwerg nach globalen Maßstäben für Staaten, aber ein Riese mit seiner Biodiversität. In diesem Tropenland auf der schmalen Verbindung zwischen Nord- und Südamerika leben mehr Vogelarten als in ganz Europa, viel mehr verschiedene Schmetterlinge und andere Insekten, und es gibt sogar mit dem Jaguar die größte und stärkste Katze der Neuen Welt. An Gewicht und Kraft übertrifft »El Tigre«, wie der Jaguar in Lateinamerika häufig genannt wird, den Leoparden von Afrika und Südasien beträchtlich. Lediglich Löwen und Tiger sind größer. Dennoch leben die Menschen hier im schmucken, sehr wohl zivilisierten Costa Rica mit dem Jaguar und mit der Vielzahl anderer Tiere, die speziell von Europäern und Nordamerikanern für »sehr gefährlich« gehalten werden.

Weit mehr als von diesen wird ihr Leben und Wirken von den Kräften der nicht-lebendigen Natur bestimmt: von Erdbeben, die es sehr häufig gibt, von Vulkanausbrüchen, die stets gleichsam im Hintergrund drohen, und auch von Stürmen und Überschwemmungen. Doch genau darin steckt der Schlüssel zum Verständnis der gewaltigen Biodiversität auf der mittelamerikanischen Landbrücke. Die »tektonische Unruhe«, also die Vulkanausbrüche und die Erdbeben mit ihren Rissen im Gestein versorgt die Böden mehr oder minder regelmäßig mit Mineralstoffen, die dem Wachstum der Pflanzenwelt zugutekommen.

Gut ernährte Pflanzen kommen wiederum der Tierwelt zugute. Sie kann in Costa Rica, wie auch in Panama, Guatemala und der Nachbarschaft, in weit größerer Häufigkeit pro Art vorkommen als in den einförmigen Weiten Amazoniens. Und geradezu luxuriös wirkende Bildungen hervorbringen. Wie den Quetzal, der Göttervogel der Azteken und Mayas. Ist sein Gefieder schon brillant im besten Sinne dieses Ausdrucks mit einem unvergleichlichen Smaragdglanz der Rückenseite, so kontrastiert dazu auch noch eine scharlachrote Brust- und Bauchseite. Bei den Männchen geht der Glanz des Rückens über in zwei mehr als körperlange Schwanzfedern, die im Flug zwischen den Bäumen wie grüne Wellen eines meisterhaft gestalteten Hologramms aufleuchten und den etwa taubengroßen Vogel zu verfolgen scheinen. Schlüpft so ein Prachtstück von Quetzal-Männchen in eine Baumhöhle zum Nest, so ragen nicht selten die Schwanzfedern aus dem Eingang heraus und baumeln im leichten Wind, der durch die Baumkronen zieht. Denn das Reich des Quetzals erstreckt sich über die Bergregenwälder Mittelamerikas. Seine Federn waren so geschätzt, dass sich die Herrscher indianischer Kulturen vor dem Eindringen der Europäer Mäntel daraus fertigen ließen, die ihre Macht zum Ausdruck brachten. Feiner und viel glänzender, als wirkliche Smaragde hätten glänzen können. Kaum zu fassen, dass der Quetzal hauptsächlich von kleinen Avocado-Früchten lebt, die in ihrem stofflichen Gehalt nichts von dem erahnen lassen, was sich im Prachtgefieder ihrer Nutzer äußert. Das liegt einmal daran, dass es sich beim Smaragdglanz nicht um eine »echte« Farbe handelt, sondern um Feinstrukturen der Federoberseite, die Licht reflektieren, die grünen Wellenlängen des Lichts

1. Tropischer Regenwald in Mittelamerika

zurückwerfen und sich dabei zu einem milden, samtig wirkenden Schimmer vereinen. Das Rot der Bauchseite ist hingegen eine echte Farbe, hervorgerufen von Farbstoffen, wie wir sie von mitteleuropäischen Vögeln, vom Rot des Gimpels und vom noch intensiveren Rot der Gesichtsmaske des Stieglitzes, kennen.

Das Smaragdgrün, das für unsere Augen so perfekt zum Grün des Urwaldes passt, entspricht dem grünen bis blauen oder violetten Schiller verschiedener Arten von Kolibris, von denen es 52 verschiedene in Costa Rica gibt. Sie sind allgegenwärtig, besonders häufig aber überall dort, wo Blumen blühen, deren Blüten Nektar enthalten. Solche, die auf Kolibris als Bestäuber spezialisiert sind, »stechen« auch uns ins Auge mit ihrem intensiven Rot. Uns deshalb, weil wir ähnlich wie die Kolibris dieses Rot sehen können, Bienen und andere Insekten aber nicht. Für sie, die sie zumeist die Hauptbestäuber von Blüten sind, wirkt das Rot nicht mehr. Es ist mehr oder weniger dunkel. Diese biologische Gegebenheit führt mitunter zu herzerfrischenden Erlebnissen. Stark rot gefärbte Lippen werden von Kolibris angeflogen, als ob sie die betreffenden Damen küssen wollten; eine »Begrüßung« in Costa Ricas Tropennatur, die sicher nie vergessen wird.

Blüten bleiben dennoch, aller Fülle zum Trotz, die sich den staunenden Augen bietet, eher selten. Wie überall in den Tropen, von Gärten und Anlagen abgesehen, in denen Gepflanztes das ganze Jahr über blüht. Die Blüten solcher Besonderheiten, wie der auf der Tafel rechts dargestellten Spinnenorchidee, überhaupt zu finden setzt Vertrautheit mit dem Regenwald voraus. Nicht zu übersehen sind hingegen die vielen Aufsitzerpflanzen, die Epiphyten, die anzeigen, dass sie sich von dem ernähren können, was auf dem Luftweg zu ihnen kommt – einschließlich düngender Staub aus der fernen Sahara, herangetragen vom Passatwind. In Costa Rica gibt es mehr als 1100 verschiedene Arten von Orchideen.

Die der Menge und ihrer ökologischen Bedeutung nach vorherrschenden Ameisen erkennt man oft erst bei genauerem Hinsehen – auf dem Bild wie auch in der Natur. So plakativ bunte Schmetterlinge wie der *Anaxita decorata*, ein Bärenspinner, entziehen sich der Entdeckung durch perfekte Tarnung tagsüber. Aber nachts kommen sie und viele andere Schmetterlinge ans Licht. Dann wird die Fülle erst sichtbar.

sen oder Tee serviert wird, bereitwillig Leckerbissen abgeben. Amazonische Vögel, die ähnlich wie afrikanische und asiatische Webervögel beutelförmige Hängenester fabrizieren, leben häufig mit Wespen zusammen, die höchst unangenehm stechen und jedes Lebewesen, das sich den Nestern zu sehr nähert, sogleich angreifen. Kleinvögel treten kaum jemals in Scharen auf. Viele verhalten sich in Amazonien sehr zurückhaltend und ruhig, verglichen mit ihren Entsprechungen in Ostafrika und Indien. Dennoch lebt ein Viertel aller Vogelarten der Erde allein im Großraum Amazonien.

Was wir bei solch ersten Eindrücken erleben, eröffnet bereits tiefere Einblicke in die Tropennatur. Die indigenen Völker wissen um die Besonderheiten dieser Natur. Sie haben sich in Jahrtausenden über viele Generationen hinweg darauf eingestellt. Ihre Lebensweise, die über die Kontinente hinweg erstaunlich übereinstimmt – obwohl die Regenwaldvölker sehr unterschiedlichen Ursprungs sind, was sich in ihrem Äußeren ausdrückt –, wird uns Aufschlüsse darüber geben, wie es sich im tropischen Regenwald lebt, wenn man darin dauerhaft leben will. Wir werden verstehen, warum es richtig und falsch ist, in diesen dauerfeuchten Wäldern überall Wolken blutsaugender Stechmücken zu erwarten oder zu befürchten; richtig, weil es solche Gebiete tatsächlich gibt, und falsch, weil andere, durchaus riesige Regionen nahezu frei von Stechmücken sein können.

Aber nicht nur von Stechmücken und anderen Blutsaugern hängt es ab, ob die Regenwaldbewohner bekleidet sein müssen oder nackt sein können. Wichtiger ist oft, ob sich Hautpilze entwickeln, wenn feuchte Kleider den Körper bedecken. Und ob die Menschen genügend Mineralstoffe mit ihrer Nahrung aufnehmen oder mit dem Wasser trinken können. Gegenüber diesen tagtäglichen Problemen tritt die von Sensationsschriftstellern hervorgehobene Gefahr durch Raubtiere weitestgehend in den Hintergrund. Nicht am Tiger, Leopard oder Jaguar lag es, ob Menschen in den Regenwäldern der Tropen erfolgreich leben und überleben konnten, sondern am Kleinen bis Unsichtbaren, an den Verursachern von Krankheiten und an Mangelerscheinungen.

In den südostasiatischen Regenwäldern passiert es zwar, dass Elefanten die Pflanzungen heimsuchen und großenteils vernichten, aber nur, wenn solche überhaupt angelegt werden können. Wo die Böden zu wenig ertragreich sind, geht dies nicht, und die Elefanten werden, wie von den Kongo-Pygmäen, ganz anders betrachtet: als mögliche, gleichwohl sehr seltene Quelle von viel Fleisch. Dass es große Tiere, wie Elefanten, Büffel und Waldantilopen, in den amazonischen Regenwäldern nicht gibt, wohl aber in Afrika und Südostasien, wird ebenfalls wichtige Aufschlüsse über die Nutzbarkeit der unterschiedlichen Regenwälder geben. Amazoniens größtes Säugetier, der Tapir, ist nach afrikanischen und asiatischen Maßstäben nicht einmal Mittelklasse. Und zudem ist er sehr selten.

Warum fehlen große Säugetiere in Amazonien, und welche Chancen und Folgen haben die Rinder, die aus Europa und Südasien stammen? Für Rinder-Weideland sind riesige Flächen an den Randgebieten Amazoniens bereits gerodet worden. Rinderweiden und Anbauflächen für Soja fressen sich hinein in den Regenwald, so der Eindruck, den Satellitenbilder vermitteln. Wir sehen dies ganz direkt, wo immer man sich tropischen Regenwäldern nähert, ob in Brasilien, auf Borneo oder im Kongogebiet. Warum geschieht dies? Das ist die Kernfrage. Doch um sie beantworten zu können, ist es nötig, die besondere Natur der tropischen Regenwälder zu betrachten.

Immense Artenvielfalt

Über eineinhalbtausend verschiedene Vogelarten gibt es in Amazonien. Nimmt man noch die Andentäler dazu, aus denen die Zuflüsse des Amazonas kommen, sowie die für europäische Verhältnisse riesigen Flussgebiete des Orinoko und des Magdalena in Venezuela und Kolumbien, gleicht die Fläche ungefähr der von Europa. Aber die Vogelartenzahl liegt darin dreimal so hoch wie hier. Noch beeindruckender wird die Artenfülle, wenn wir das kleine Costa Rica betrachten. Obwohl es nur etwa zwei Drittel der Größe Bayerns hat, gibt es dort mehr Vogelarten als in ganz Europa. Säugetierarten leben in Costa Rica 236, Frösche und Kröten 140, Reptilien 228 Arten. Schwärmer (Sphingidae) sind in 121 Arten nachgewiesen, in den Vereinigten Staaten und Kanada zusammen aber nur 115. Rund 550 Tagfalterarten kommen in Costa Rica vor; in Europa und Nordwestafrika sind es nur 440 Arten. Und so fort. Für besonders artenreiche Gruppen, wie die Käfer, die Schmetterlinge oder die Wanzen, lassen sich nur ungefähre Zahlenangaben oder Schätzungen anführen, weil die Artenfülle der Tropen bei Weitem noch nicht bekannt ist. Doch der Trend ist klar: In Richtung innere, also feuchte Tropen steigen die Artenzahlen bei den allermeisten Tier- und Pflanzengruppen steil an; steil im Sinne von exponentiell sogar. Denn der Artenreichtum muss für Vergleichszwecke auch auf die Flächengröße bezogen werden. Nimmt man Costa Rica und Bayern (sehr) großzügig für annähernd gleich groß, hat dieses Tropenland mehr als zehnmal so viele Frosch- und Krötenarten, über zwanzigmal so viele Reptilien und knapp zehnmal so viele Schwärmerarten (oder deutlich mehr, weil in Bayern mehrere nur als Zufluggäste vorkommen). Die Fülle der Baumarten im tropischen Regenwald ist so groß, dass nur Spezialisten in der Lage sind, sie alle zu determinieren. Bestimmungsbücher, wie bei uns üblich und bei Freilanduntersuchungen vielfach benutzt, gibt es dafür nicht. Allein für Venezuela sind mehr als 2400 Baumarten nachgewiesen. Mehrere Hundert verschiedene können auf einem Quadratkilometer zu finden sein. Auf hektargroßen Forschungsflächen repräsentiert unter Umständen jeder Baum eine andere Art. Was für den laienhaften Blick gleichartig aussieht, kann zu ganz verschiedenen Gattungen, ja zu unterschiedlichen Pflanzenfamilien gehören.

Alexander von Humboldt erahnte die Artenfülle der Pflanzen auf seiner großen Reise in die »Äquinoctialgegenden des neuen Kontinents«, weil sein Begleiter Aimé Bonpland ein guter Botaniker war. Beide beeindruckte die Tropennatur so sehr, dass sie ins Schwärmen gerieten, obwohl sie unter den blutsaugenden Insekten und anderen Plagegeistern litten. Doch erst ein halbes Jahrhundert später realisierten zoologisch ausgerichtete Forscher und Sammler die ungeheure und zunächst ganz unverständliche Artenfülle. Zu nennen sind da vor allem Henry Bates und Alfred R. Wallace, die beide in Amazonien sammelten. Anderen Forschern fiel auf, dass es eine besondere Bewandtnis mit der Artenfülle hat. Aber sie konnten sich nicht erklären, warum die allermeisten Arten, die sie fanden, so selten waren. Die Jagd nach Käfern oder Schmetterlingen lehrte, dass es viel leichter ist, ein Dutzend verschiedene Arten zu sammeln, als fünf oder zehn Exemplare derselben Art. Offenbar wurde angenommen, die Seltenheit wäre menschenge-

macht, weil ja die Flussufer mehr oder weniger besiedelt waren. Die Flüsse bildeten aber damals und bis weit ins 20. Jahrhundert hinein die Straßen, auf denen man sich fortbewegen und in die riesigen Wälder eindringen konnte.

Wie sehr die Vorstellungen von den Erwartungen geprägt waren, drückte sich in den Bildbänden aus, die kurz nach der Mitte des 20. Jahrhunderts erschienen. Sie zeigten die Vielfalt des Tierlebens in bunten Gemälden, auf denen an jedem Baum ein exotischer Vogel, eine Schlange oder eine riesige Spinne zu sehen ist oder ein Jaguar zwischen Brettwurzeln hervorschaut auf die kleinen Schweine, die Pekaris, die davor am Boden herumsuchen. Oben in den Kronen sitzen blau und rot gefiederte Papageien und andere Vögel, die unvergleichlich aussehen, weil es keine vergleichbaren Arten in den USA oder in Europa gibt. Selbstverständlich fehlten auch Kolibris nicht und die himmlisch schillernden großen Morpho-Falter, prächtige Orchideen in voller Blüte und, und, und … Solche Bilder prägten die Vorstellungen von der Fülle des tropisch-amerikanischen Regenwaldes. Für Afrika kamen Gorilla, Schimpanse, die erst Anfang des 20. Jahrhunderts entdeckte Waldgiraffe, das Okapi, und für Südostasien Orang-Utans, Gibbons, Nashornvögel und als Schönste von allen die Paradiesvögel Neuguineas hinzu.

Zwar gab es sie alle. Kein Tier war erfunden oder aus dem Hörensagen ersonnen, wie die alten Darstellungen der Menschenaffen. Aber sie existierten in den tropischen Regenwäldern nicht in dieser Art einer exquisiten Zoohaltung mit Waldkulisse. Die Wirklichkeit war für viele, die von diesen Bildern geprägt in die amerikanischen, afrikanischen oder südostasiatischen Tropen reisten, geradezu erschreckend anders. Wie eingangs schon ausgeführt, erwiesen sich die Wälder, insbesondere die noch weitgehend unbeeinflusst von Menschen verbliebenen, geradezu als tierleer. Hundert oder hundertfünfzig verschiedene Vogelarten an einem Tag zu sehen fällt leicht auf einer Safari durch ostafrikanische Nationalparks. Hundert Arten kann ein gutes Gebiet in Deutschland auch in einem Tag ergeben. In tropischen Regenwäldern wird man diese Vielfalt erst nach wochen- oder monatelangem Suchen erzielen, von wenigen besonderen Stellen abgesehen, die als »Hotspots« für die »Bird Watcher« rasch bekannt wurden. Doch vor Ameisen wimmelt es, und auch Termiten gibt es überall, wo man sucht.

Nach den Gründen für dieses Phänomen zu fragen ist in doppelter Weise wichtig. Denn die Gegebenheit als solche erweckt ja den Eindruck, dieses oder jenes Waldstück könne ohne Weiteres gerodet werden, gibt es doch ohnehin fast kein Tierleben darin. Wo nichts zu sehen ist, fällt es sehr viel schwerer, den Fortbestand des Waldes zu verteidigen, als in solchen Gebieten, in denen das Erlebnis der Tiere die Sinne überwältigt. Deshalb sind sogar die Zoologischen Gärten attraktiver als die meisten Naturschutzgebiete bei uns, obwohl man im Zoo noch strenger auf die Wege beschränkt bleibt als draußen in der geschützten Natur. Der zweite Aspekt betrifft das Verständnis der Seltenheit. Wie hängt die Artenvielfalt damit zusammen? Weshalb entstand die so große Biodiversität der tropischen Regenwälder, wenn doch Wärme, Licht und Feuchtigkeit gleichermaßen günstige Lebensbedingungen schaffen und damit allen Arten beste Voraussetzungen bieten? Unsere Wälder sind gewiss weit unterschiedlicheren Umweltverhältnissen ausgesetzt als die immerfeuchten innertropischen Wälder. Also sollte es vielleicht sogar bei uns mehr Biodiversität im Wald geben, kommen doch der Winter mit seinen höchst unterschiedlichen Ausprägungen und wechselnde Höhenlagen als strukturierende Elemente dazu. Ein allgemeiner Befund der wissenschaftlichen Ökologie besagt nämlich, dass Artenvielfalt sehr stark von struktureller Vielfalt abhängt. Einförmige Großlandschaften sind weit weniger artenreich als vielfältig strukturierte. Die traditionelle Landwirtschaft hatte somit tatsächlich den Artenreichtum in unseren Landschaften gefördert und nicht drastisch dezimiert, wie die moderne, industrialisierte.

Schließlich sollten wir auch wissen, zumindest einigermaßen zuverlässig kalkulieren können, wie sich die Erwärmung des Klimas auf die Artenvielfalt der Erde auswirkt. Da die Biodiversität tropenwärts stark ansteigt, sollte eine weitere Erwärmung die Vielfalt fördern und sie nicht gefährden oder gar großenteils vernichten, sollte man meinen. Die zunächst nur für speziell interessierte Forscher interessante Frage, auf welche Weise die tropische Artenvielfalt zustande kommt, hat also sehr wohl allgemeine Bedeutung. Sie ist verknüpft mit der Zukunft des Lebens auf der Erde. Sehen wir uns daher Artenvielfalt in tropischen Regenwäldern etwas genauer an. Bei allen Arten geht es um die Grundvoraussetzungen ihrer Existenz, die Ernährung, die Fortpflanzung, Feinde und Krankheiten, die ihnen zusetzen, und die Konkurrenz der anderen Arten, mit denen sie zusammenleben. All diese grundlegenden Aspekte für die Millionen Arten der Tropenwälder erörtern zu wollen wäre selbstverständlich ein hoffnungsloses Unterfangen. Doch das ist nicht nötig. Die wissenschaftlichen Kenntnisse hierzu sind umfangreich genug, um anhand einiger geeigneter Beispiele die Besonderheiten des Lebens in tropischen Regenwäldern darlegen zu können. Vor allem soll es um die Frage gehen, warum sie so besonders artenreich sind.

Die Geographie des Artenreichtums

Jede Art hat ihre eigene Ökologische Nische. Diese Feststellung gehört zu den Grundkonzepten der Ökologie. Doch die Vorstellungen, worum es sich bei den Ökologischen Nischen handelt, könnten kaum unterschiedlicher sein. Sie reichen vom bildhaften »Haus der Natur«, in dem es viele Zimmer auf den unterschiedlichsten Stockwerken gibt, in denen die einzelnen Arten ihre Plätze, ihre »Nischen« einnehmen, bis zu gänzlich unanschaulichen, mathematisch »multidimensionalen Räumen«, in denen jede Umweltbeziehung einer Art eine »Dimension« bildet. Beide Vorstellungen sind in unserem Zusammenhang untauglich. Denn die eine ist zu starr, zu statisch, die andere beschreibt auf mathematische Weise, wie Arten so sind und was sie tun. Zum Verständnis der Biodiversität tragen sie wenig bei. Das Konzept der Nischen im Haus der Natur erzeugt sogar den irrigen Eindruck, alles habe seinen festen Platz und seine vorbestimmte Ordnung. Doch die Natur ist veränderlich, das Leben dynamisch, und deshalb war und ist Evolution möglich. In einer festgefügten, beständigen Natur gäbe es sie nicht; gäbe es auch keine Menschen.

Diese Vorbemerkung soll darauf einstimmen, dass wir den gegenwärtigen Zustand nicht als etwas Festgelegtes betrachten sollten, sondern als das Ergebnis von Entwicklungen. Sie verlaufen sowohl in der nicht lebendigen Natur, im Klima, im Wasserkreislauf, in erdgeschichtlich langen Zeiträumen in der Verschiebung von Kontinenten und ihrer Verwitterung, als auch in der lebendigen durch das Aufkommen und die Ausbreitung neuer Arten, die Verschiebungen in den Arealen von Arten und im örtlichen Auf und Ab ihrer Häufigkeit. Ein Rückblick auf die Veränderungen, die in der Natur von Europa oder Nordamerika seit Ende der letzten Eiszeit stattgefunden haben, verdeutlicht, was gemeint ist. Vor 18 000 Jahren bedeckten gewaltige Eispanzer große Teile Nordamerikas und Nordeuropas sowie die höheren Gebirge bis tief in die geographisch mittleren Breiten. Das Klima war kalt und trocken, die Wälder waren geschrumpft und zurückgewichen in südliche Refugien. Kältesteppe erstreckte sich weithin. Die Böden waren tiefgefroren. Die Wasserführung der Flüsse war gering, auch in den Tropen, weil der Meeresspiegel um über hundert Meter abgesunken war und es daher weit weniger Niederschläge als in den Warmzeiten gab.

Wenige Jahrtausende nach dem Höhepunkt der letzten Eiszeit (Kaltzeit, um es genauer auszudrücken) setzte die Milderung ein. Die Eispanzer schmolzen, die Flüsse schwollen an, es regnete mehr und die Wälder breiteten sich wieder aus. Die Eiszeittierwelt wurde abgelöst von einer anders zusammengesetzten, die auf das wärmere Klima eingestellt war und in Refugien überlebt hatte. Menschen streiften als Jäger und Sammler durch Europa, Asien und Nordamerika, das sie gegen Ende der letzten Eiszeit über die trockenliegende Landverbindung zwischen Nordostasien und Alaska erreicht hatten. Viele Großtiere starben aus, von den Menschen wahrscheinlich zu sehr bejagt, sodass sie anders als in Warmzeiten davor in die neue, in die Jetztzeit hinein nicht mehr überlebten. Die Nacheiszeit, das Holozän, wie sie wissenschaftlich genannt wird, wurde mit der Entwicklung und Ausbreitung des Ackerbaus zur Menschenzeit, zum Anthropozän.

Einwirkungen der Menschen überlagerten fast überall die nacheiszeitlichen Entwicklungen in der Pflanzen- und Tierwelt. Nur wenige Inseln in sehr abgelegener Position in den Ozeanen blieben davon verschont, bis sie mit der Hochseeschifffahrt schließlich doch auch erfasst wurden von der globalen Einflussnahme der Menschen. Unter diesen Bedingungen entwickelten sich nacheiszeitlich auch die Regenwälder der Tropen. Weithin waren sie während der Kaltzeiten geschrumpft, weil sie zu wenig Niederschlag bekommen hatten. Da die Böden so flachgründig sind, fällt es besonders schwer, ihre Geschichte zu rekonstruieren. Auf den Nordkontinenten geht dies viel leichter, weil in Hochmooren Pollen von Blütenpflanzen konserviert sind, die Schicht für Schicht analysiert Aufschluss über die Veränderungen in der Pflanzenwelt geben. Daraus lässt sich die Waldentwicklung nach der letzten Eiszeit rekonstruieren. Sie zeigt beispielsweise für Deutschland, das in Europa klimatisch ziemlich zentral zwischen dem atlantischen Meeresklima im Westen und dem kontinentalen im Osten liegt, dass verschiedene Baumarten über die Jahrtausende aufeinander folgten und in historischer Zeit die Wiederkehr der Wälder nicht abgeschlossen war, als sich die Landwirtschaft ausbreitete und Wälder rodete. Die Erfassung von Vorkommen und Häufigkeit von Tieren und Pflanzen, die im 18. Jahrhundert einsetzte, liefert uns daher ein Zeitbild, aber keinen Endzustand der nacheiszeitlichen Entwicklung.

Können wir annehmen, dass die Regenwälder der Tropen bereits in einen Dauerzustand übergegangen waren, als vor zweihundert Jahren europäische Wissenschaftler die Erforschung starteten? Manche meinen, das sei gerechtfertigt, weil die tropischen Regenwälder in der Klimadynamik des Eiszeitalters mit seinem heftigen Wechsel von Kalt- und Warmzeiten nur schrumpften und sich wieder ausdehnten, aber nicht wandern mussten, wie in den außertropischen Regionen. Daher können sie letztlich viele Millionen Jahre alt sein und nicht erst einige Jahrtausende, wie die Wälder Nordamerikas und Eurasiens. Andere heben die Veränderungen in genau dieser erdgeschichtlich jungen Vergangenheit hervor, weil die nähere Betrachtung – insbesondere von Tierarten – zeigt, dass es viele sogenannte Artenschwärme und Inselformen gibt, obwohl (bis vor Kurzem) die Regenwälder große geschlossene Flächen gebildet hatten. Warum aber sollten Tukane und Affen mosaikartig in zweifellos sehr nahe miteinander verwandten Arten oder Formen verbreitet sein, wenn sich ihr Lebensraum so gleichförmig über Amazonien, das Kongobecken oder über die südostasiatische Inselwelt erstreckt? Dass diese besonders artenreich ist, ergibt sich aus der Vielzahl von Inseln; mehr als 14 000 zählt allein Indonesien, die Philippinen und die Inseln östlich von Neuguinea kommen dazu. Amazonien hat aber eine vergleichbar hohe oder sogar noch höhere Artenvielfalt.

Wiederum sind solche Probleme nicht nur für Spezialisten von Interesse. Sie betreffen sogar den Kern des Naturschutzes in den Tropen. Denn wenn die Artenvielfalt ohnehin von Natur aus insel- bzw. mosaikartig verbreitet ist, ließe sich daraus eine Regenwaldumwandlung rechtfertigen, die Inseln schafft und in diesen die Artenfülle dennoch erhält. Es müsste nur sichergestellt sein, dass diese Waldinseln groß genug bleiben. Denn so etwa sollte es einst zu den Höhepunkten der Eiszeiten in Amazonien ausgesehen haben. Die in den Warmzeiten geschlossenen Wälder waren inselartig geschrumpft. Dazwischen dehnte sich Grasland aus, ähnlich den heutigen afrikanischen Savannen, oder Dornbusch, wie im Gran Chaco in Paraguay. Auf andere, in der Auswirkung aber gleichartige Weise wurde der ehedem großflächige südostasiatische Regenwald zu einer echten Inselwelt, als vor etwa zehntausend Jahren der Meeresspiegel stark anstieg und die Sockel der heutigen Inseln überschwemmte. Neuguinea wurde von Australien getrennt, Borneo und Sumatra und andere Inseln von der Malaiischen Halbinsel. Die gegenwärtige Inselwelt ist also jung und alles andere als ein Dauerzustand »seit Urzeiten«.

Widerspricht dies einer der Grunderkenntnisse der Ökologie und Biogeographie, dass Artenreichtum stark von der Flächengröße abhängt (je kleiner diese, desto weniger Arten können darauf leben)? In unserer Kulturlandschaft, in der naturbelassene Stellen und Schutzgebiete meistens nur kleine Restflächen bilden, stellt diese Abhängigkeit des Artenreichtums von der Flächengröße ein großes Problem dar. Viele Schutzgebiete sind schlicht zu klein, um die ihnen zugedachte erhaltende Funktion erfüllen zu können. Das Schrumpfen der Regenwaldflächen während der Kaltzeiten hätte folglich den Artenreichtum vermindern sollen. Doch vieles deutet darauf hin, dass der Artenreichtum in der Dynamik des Eiszeitalters zugenommen hat. Viele Inseln sind tatsächlich artenreicher als entsprechend große Flächen auf den Kontinenten. Wir können dies direkt im Mittelmeerraum sehen. Die mediterrane Region ist weitaus reichhaltiger als die viel größere des atlantischen und mitteleuropäischen Klimabereichs. Die starke Zersplitterung des Geländes in Inseln, Halbinseln, Gebirgsstöcke und Täler war förderlich für die Artenvielfalt, und zwar für die Entstehung von Arten. Geographische Trennung stellt nämlich meistens die wichtigste Voraussetzung für den Prozess der Artbildung dar. Den Zwischenschritt bildet die Isolation von Teilen der Art, von Populationen, in Gebieten, die vom Hauptverbreitungsgebiet durch Barrieren mehr oder weniger stark abgegrenzt

Amazonien – Wald und Wasser

Der größte Fluss bringt die gewaltigsten Hochwasser. Das scheint ein ganz logischer Zusammenhang. Doch die Fluten des Amazonas übersteigen die normale Beziehung zwischen Anstieg der Wasserführung und Ausweitung der Überschwemmungen. Mit Folgen für den amazonischen Regenwald. Der Grund ist einfach, gleichwohl nicht so ohne Weiteres erkennbar. Vom Ostrand der Anden, wo die großen Quellflüsse des oberen Amazonas das Hochgebirge verlassen, und noch bevor sie sich zum Hauptlauf des Flusses der Flüsse vereinigen, gibt es nahezu kein Gefälle mehr über die gut dreitausend Kilometer bis zur Mündung in den Südatlantik. Dieser staut sogar mit seiner Flut den Amazonas im Rhythmus der Gezeiten über Hunderte Kilometer flussaufwärts zurück. Auch die großen Nebenflüsse aus dem Norden, allen voran der Rio Negro, und aus dem Süden, wie der Madeira und der Tocantins, strömen bereits viele Kilometer ohne nennenswertes Gefälle, bis sie den Amazonas erreichen. Zwangsläufig stauen sich die Wassermassen, die in der Hauptregenzeit anschwellen und die kaum noch vorstellbare Menge Wasser von mehr als 300 000 Kubikmetern pro Sekunde ergeben. Die flussnahen Wälder werden dadurch weitflächig überschwemmt. Wochenlang, monatelang mitunter. Es entsteht eine amphibische Welt, in der die Fische durch die Kronen der Urwaldbäume schwimmen, Wasserpflanzen als große Inseln flussabwärts driften und an manchen »hochwassersicheren« Uferstellen der Fluss um zehn bis fünfzehn Meter ansteigt. Ein Großteil des Lebens spielt sich nun unter Wasser oder hoch oben in den Baumkronen ab. Und auf diese gehen sintflutartige Regenfälle nieder; tagelang unter Umständen.

Weit ins Umland greifen die Überschwemmungen. An manchen Stellen lassen sich auf hundert Kilometer Breite keine Ufer mehr angeben, weil sich Baumkronen und Wasser so sehr durchsetzen. Bei Weitem nicht alle Baumarten Amazoniens vertragen die langen Überschwemmungen. Flussnah bleibt das Artenspektrum daher beträchtlich geringer als auf dem davon nicht mehr erreichten Land, der »terra firme« der Brasilianer. Dort gibt es aber immer noch mehr als genug Wasser, das mit den Regenfällen von oben kommt. Aber es gibt eben doch den »festen Waldboden«. Bäume, die auf diesem wachsen, vermehren sich anders als die flussnahen im Überschwemmungsgebiet. Dort lauern im Wasser nicht nur Kaimane auf Beute, sondern Fische erwarten, dass es irgendwo »plopp« macht, weil eine Frucht ins Wasser gefallen ist. Sie eilen darauf zu, ähnlich wie die von Menschen und Vieh gefürchteten Piranhas, wenn sie sich auf ein (verletztes) Beutetier stürzen und dieses in kürzester Zeit zum Skelett zerlegen. Sägesalmler heißen sie recht unbeholfen ausgedrückt auf Deutsch, weil ihr vorn aus dreieckigen, messerscharfen Zähnen zusammengesetztes Gebiss wie eine Säge schneidet. Salmler charakterisiert ihre Zugehörigkeit zu dieser Fischfamilie. Mag auch manch abenteuerliche Schilderung zu diesen Fischen übertrieben sein, so ändert dies nichts daran, dass sie in den amazonischen Gewässern, wenn sie sehr hungrig geworden sind, weitaus gefährlicher als Kaimane und Riesenschlangen sind. Wer sie mit der Angel fängt, wird das knirschende Geräusch nicht vergessen, mit dem ihre Zähne in das Stahlvorfach schlagen, an dem der Haken befestigt ist.

2. Amazonien – Wald und Wasser

Friedlich hingegen sind aus unserer Menschensicht die Flussdelphine, weil sie nur nach Fischen jagen, Menschen jedoch nie angreifen. Umspielt eine Gruppe von ihnen das kleine Boot oder den schmalen Einbaum, mit dem man unterwegs ist, lösen sie eine friedvoll-beschauliche Stimmung aus. Doch unter Wasser geht der Kampf ums Überleben weiter. Zunächst, beim Anschwellen des Hochwassers, weil die Nahrung ausgedünnt wird, von der die betreffenden Arten leben; die Kaimane als Fischjäger vor allem, aber sie können lange hungern, verglichen mit den Riesenottern, den großen Fischottern der amazonischen Flüsse, die als Säugetiere so gut wie jeden Tag Beute brauchen. Warten können auch die Flussschildkröten, und sie tun dies, bis das zurückgehende Hochwasser Sandbänke freigibt. In diese legen sie ihre Eier. Der Vorteil der Reptilien beruht auf ihrem Stoffwechsel, der im Vergleich zu Säugetieren auf sehr niedrigen Touren läuft. Sie benötigen pro Tag nur ein Fünftel bis ein Zehntel der Nahrung, die ein gleich schweres Säugetier nötig hat.

Die wenigen großen Säugetiere, die es in Amazonien von Natur aus gibt, zeichnen sich durch einen deutlich verminderten Grundumsatz im Stoffwechsel aus. Beim Tapir, dem schwersten Säugetier Amazoniens von gerade mal der Größe eines Wildschweins, macht die Verminderung der Intensität des Stoffwechsels noch nicht sehr viel aus. Aber die in den Baumkronen lebenden Faultiere sind tatsächlich sehr »langsam« mit nur noch etwa der Hälfte des Grundumsatzes, den sie haben sollten, würden sie einem gewöhnlichen Säugetier entsprechen. »Faul« sind sie jedoch nicht; ihre Langsamkeit ist lebensnotwendig. Beide, der Tapir, der dabei seine Rüsselnase über Wasser hält, und das Faultier, können gut und ausdauernd schwimmen. Die oben in den Baumkronen lebenden Affen vermeiden es hingegen tunlichst, ins Wasser zu geraten. Das wäre für sie als weitgehende Nichtschwimmer doppelt lebensgefährlich, weil sie sich nicht gegen Raubfische und Krokodile zur Wehr setzen könnten.

In dieser seltsamen Wasserwelt wundert es nun nicht mehr so sehr, dass sich die häufigsten Ameisen, die Blattschneiderameisen, von Pilzzuchten ernähren und dass große Schmetterlinge, wie die in unwirklichem Himmelsblau aufschillernden Morphos, wochen- und monatelang am Leben bleiben. In der tropischen Schwüle Amazoniens verläuft ihr Leben langsamer als bei Faltern in unserem Frühsommerwald. Den Vögeln kommt ihre Flugfähigkeit zugute. Die bunten Tukane finden Früchte tragende Bäume dank ihres guten Farbensehens. Vögel kommen wie auch die Fische in Hunderten von Arten in der amphibischen Welt Amazoniens vor.

sind. Durch Berge, Meeresteile oder Ebenen mit ganz anderen Lebensbedingungen. Nach und nach entstehen darin in den Populationen Unterschiede zur Mutterpopulation, die schließlich so groß werden, dass sich die Ableger nicht mehr mit ihrer Ausgangsart »verstehen« und nicht mehr paaren. Das Ergebnis ist eine neue Art durch geographische Isolierung. So entstehen in der Menschenwelt z. B. rasch neue Dialekte und Sprachen.

Zurück zur Ökologischen Nische. Sind neue Arten (Spezies) oder auch nur deutlich voneinander verschiedene Unterarten (Subspezies) durch geographische Isolation zustande gekommen, gibt es zwei Möglichkciten, wie sich das weiter auswirkt. Bleiben sie getrennt, weil Geographie und Lebensbedingungen keinen Kontakt mehr ermöglichen, existieren beide räumlich getrennt nebeneinander fort. Die andere Möglichkeit besteht aber darin, dass sie wieder zusammentreffen. So etwas kommt in der südostasiatischen Inselwelt zustande, wenn der Meeresspiegel aufgrund einer neuen Eiszeit absinkt und sich die Inseln wieder miteinander verbinden. Das war in Amazonien nacheiszeitlich der Fall, als sich die Wälder wieder ausbreiteten und sich zu einem riesigen Tropenwaldgebiet verbanden. Nun konnten die vorher in den Waldinseln entstandenen Arten wieder aufeinandertreffen. Erkannten sie einander, oder verhielten sie sich wie verschiedene Arten? Beides trat ein, aber viele Arten verhielten sich anders, als anzunehmen war. Sie blieben mosaikartig verteilt mit aneinandergrenzenden, aber nicht überlappenden Arealen. Sie kommen nicht wie unsere Meisen und Finken, Spechte oder Tauben, Mäuse oder Fledermäuse im gleichen Lebensraum in unterschiedlichen Nischen vor, auf die sie spezialisiert sind, sondern in offenbar weitgehend gleichen Nischen, aber voneinander getrennt.

Was bedeutet, dass die diversen Schwesterarten von Tukanen, Papageien, Affen und auch von Schmetterlingen und anderen Insekten miteinander nicht verträglich, nicht kompatibel sind, ökologisch ausgedrückt.

Wie in Südostasien die Inselnatur, so kennzeichnet auch in Amazonien und im Kongobecken ein ausgeprägt inselartiges Vorkommen der verschiedensten Arten die Biodiversität. Häufig reicht schon ein größerer Fluss als Grenze zwischen einander sehr ähnlichen, dennoch getrennt lebenden Arten. Das wohl markanteste Beispiel dafür ist die Sonderung der Bonobo-Schimpansen von den »echten« Schimpansen durch den Kongo. Die Bonobos leben nur südlich des Kongo, die Schimpansen nördlich und östlich davon. Wo immer genauer bilanziert wurde, zeigte sich, dass mosaikartige Verbreitungsmuster typisch sind für die tropische Artenvielfalt. Darin drückt sich die Geschichte aus: die Klimageschichte der letzten Jahrtausende und Zehntausenden von Jahren. Oder noch weiter zurück in das Pleistozän, das zweieinhalb Millionen Jahre der Vergangenheit einnehmende Eiszeitalter. Ähnliches gilt wahrscheinlich für die Pflanzenwelt, vor allem für die Bäume. Ihr Artenreichtum ist extrem groß, aber nur für einen geringen Teil davon lassen sich arttypische, von den Lebensbedingungen vorgegebene Verbreitungsareale festlegen. In den Regenwäldern der Tropen steckt also weit mehr Dynamik, als man erwartet hatte, weil sie dank ihrer innertropischen Lage von den so massiven Wechselfällen des Eiszeitalters weitgehend verschont waren – und dementsprechend auch eine »altertümliche« Tier- und Pflanzenwelt beherbergen. Tatsächlich gibt es diese

»Urzeitarten«, denn auch Beständigkeit zeichnet die tropischen Regenwälder aus. Es ist diese innige Verschränkung von Wandel und Stabilität, die es so schwer macht, die Tropenwelt zu verstehen.

Seltene Jaguare, häufige Käfer und ausgestorbene Faultiere

Noch gegen Ende des 20. Jahrhunderts suchten Expeditionen, Filmteams und Reiseschriftsteller im Kongo-Regenwald nach dem geheimnisvollen Tier, das die Pygmäen *Mokélé-mbembé* nannten und das ein Dinosaurier sein sollte. Gesichtet wurde es angeblich mitten im Urwald in einem kreisrunden See namens Télé. Dieser war höchstwahrscheinlich durch einen Meteoriteneinschlag entstanden und liegt in ausgedehnten, schwer zugänglichen Sümpfen. Gefunden wurde *Mokélé* ebenso wenig wie ein weit eher wahrscheinlicher Überlebender der Riesenfaultiere in Amazonien, genannt *Mapinguari*. Die Dinosaurier waren vor 66 Millionen Jahren infolge des Einschlags eines Riesenmeteoriten ausgestorben. Nur ein Seitenzweig ihrer vielfältigen und über hundert Jahrmillionen sehr erfolgreichen Großfamilie überlebte in Form der Vögel. Anders als die Waldgiraffe, das Okapi, und der Kongopfau, die beide erst vor gut hundert Jahren in den großen Wäldern Zentralafrikas entdeckt worden sind, bestand für einen überlebenden Dinosaurier überhaupt keine Chance. Die Riesenfaultiere hingegen starben erst gegen Ende der letzten Eiszeit aus. Vieles deutet darauf hin, dass sie von den Menschen ausgerottet wurden, die in dieser Zeit nach Südamerika eindrangen. Über Nordamerika hatten sie sich als Abkömmlinge einer europäisch-nordasiatischen Bevölkerungsgruppe nach Südamerika ausgebreitet und vor mehreren Jahrtausenden auch Amazonien besiedelt. Es hätte also durchaus sein können, dass in Regionen des Regenwaldes, die von den Europäern und ihren »Mischlingen« mit »indianischen« Stämmen noch nicht erreicht worden waren, letzte Vorkommen dieser merkwürdigen Tiere überlebt hätten. Doch außer fossilisierten Knochen fand man auch in Amazonien nichts dergleichen.

Die Riesenfaultiere haben aber eine immer noch lebende, enge Verwandtschaft, die Faultiere. Zusammen mit zwei weiteren ganz ungewöhnlichen Tiergruppen, den Gürteltieren und den Ameisenbären, charakterisieren sie die Säugetiere der sogenannten Neotropischen Region. Mittel- und Südamerika bilden für die Tierverbreitung diese eigenständige Region, eine ähnlich besondere wie Australien. Beide werden daher auch als »Reiche« bezeichnet und dem dritten, bei Weitem größten Großreich gegenübergestellt, der »Norderde« (Arctogäa). Die südamerikanische Region ist die »Neuerde« (Neogäa), Australien die »Süderde« (Notogäa). Diese Unterteilung drückt aus, dass es tatsächlich sehr große Unterschiede in der Zusammensetzung der Tierwelt gibt, die sich nicht allein ökologisch, also aus der Natur der Kontinente, erklären lassen. Vielmehr beruhen sie auf der Geschichte der Erdteile, nachdem sich diese im Erdmittelalter vor rund 100 Millionen Jahren aufzuspalten und voneinander zu lösen angefangen hatten. Die lange Isolation als Inselkontinent führte in Australien wie auch in Südamerika zu sehr eigenständigen Entwicklungen von Arten. Nicht ganz so ausgeprägt ist dies in der Pflanzenwelt zu erkennen. Besonders Nordamerika zeigt in seiner Tier- und Pflanzenwelt große Übereinstimmungen mit Eurasien. Aber auch Afrika hat dank der Anbindung an die Nordkontinente mehr mit Eurasien gemein als mit Südamerika, mit dem es einst eine Einheit gebildet hatte. Südamerika lässt sich als Kontinent sogar fast nahtlos in die Westseite Afrikas einfügen. Der Amazonas floss einst, um diese Verbindung in ganz fernen Zeiten auf andere Weise zu bekräftigen, ursprünglich aus Afrika nach Westen und mündete dort, wo gegenwärtig die Stadt Guayaquil in Ecuador liegt, in den Pazifik. Doch die Trennung von Afrika liegt weit zurück. Noch früher hatte sich Australien zusammen mit der Antarktis von Afrika, der Mutter der Südkontinente und Indiens, abgespalten. Daher ist Australiens Tier- und Pflanzenwelt noch eigenständiger als die Südamerikas.

Der Grund liegt in einem anderen Großereignis, das Einfluss nahm auf die Biodiversität Südamerikas, speziell die Amazoniens. Vor etwas mehr als zweieinhalb Millionen Jahren bildeten Vulkane und Verschiebungen kleiner Abbruchstücke von Kontinenten (Terrane genannt) eine Brücke von Mittel- nach Südamerika. Über diese kam es zu Beginn des Eiszeitalters zum großen interamerikanischen Faunentausch. Viele Arten, Säugetiere vor allem, wanderten aus Nordamerika nach Südamerika ein. Im Gegenzug gelangten aber nur einige wenige Südamerikaner nach Nordamerika. Südamerika wurde dadurch besonders artenreich an Säugetiergattungen, während Nordamerikas Tierwelt kaum verändert wurde.

Darin drückte sich etwas aus, was in unserer Zeit in Australien durch aktives Tun der Menschen geschehen ist und geschieht. Die importieren Tiere aus Eurasien und Afrika erweisen sich als konkurrenzstärker als die einheimischen Australier. Viele Arten starben unter dem Druck der Neuankömmlinge aus. Die Alten lebten zu lange im Schutz ihrer Isoliertheit. Sie hatten den Neuen zu wenig entgegenzusetzen.

Wiederum mag man sich fragen, was dies mit der Problematik der tropischen Regenwälder, ihrer Erhaltung und Vernichtung zu tun habe. Die Antwort ist so einfach wie alarmierend: Vieh aus Europa und Indien frisst sich hinein in die Regenwälder Amazoniens und Mittelamerikas, in denen es keine ökologisch entsprechenden oder auch nur grob vergleichbaren Arten gegeben hatte. Die Regenwälder Afrikas hingegen und zum Teil auch die in Südostasien sind Heimat von Großtieren, die mit ihrer Lebensweise speziell darauf eingerichtet sind. Es gibt in Afrika Waldelefanten, wie auch in Indien und Südostasien, dessen Indischer Elefant lediglich eine andere Art, aber der gleiche Typ ist. Rinderartige leben in den afrikanischen Regenwäldern (Waldbüffel) und in Südostasien (Gaur und andere Wildrinder), dazu weitere größere Wiederkäuer aus der Rinderverwandtschaft. Südamerikas Tropennatur aber war auf solche Tiere nicht eingestellt; es hatte sie einfach nicht gegeben. Mit den Riesenfaultieren als große, durchaus auch tonnenschwere Pflanzenfresser kam die Natur zurecht. Ihre kleine Verwandtschaft, die Faultiere, die wie von Gewitterstürmen zusammengerollte Fellknäuel in den Baumkronen sitzen und mit geradezu aufreizender Langsamkeit Blätter verzehren, fällt weder uns auf, noch als Verwerter von Pflanzenmasse ins Gewicht.

Urtümlich auf ihre Weise und keine Neuentwicklungen der letzten beiden Jahrmillionen des Eiszeitalters sind die Ameisenbären. Sie sind außerordentlich stark spezialisiert auf die Termiten, die in den Tropenwäldern die bei Weitem häufigsten Tiere sind. Sie nutzen auch Ameisen als Nahrung. In Afrika und Südostasien nehmen Erdferkel und

Schuppentiere diese ökologische Rolle ein. Sie zeigen damit, wie eine spezifische und sehr ergiebige Nahrungsquelle von Tierformen aus ganz unterschiedlicher Verwandtschaft genutzt werden kann. Konvergenz wird dieses Phänomen genannt, weil verschiedene Verwandtschaftslinien dabei gleichsam zusammentreffen. Entsprechend gibt es Wander- und Treiberameisen in den amerikanischen und afrikanischen Tropen. Den dortigen Zwergflusspferden entsprechen in Südamerika die Wasserschweine. Sie sind keine Schweine, sondern die größte Art der Nagetiere, leben aber ähnlich wie die afrikanischen Zwergflusspferde. Und so fort. Tauben und Papageien als alte Vogelfamilien sind in allen Tropenwäldern artenreich und häufig vertreten. Kolibris gibt es hingegen nur in Amerika.

In den afrikanischen und südasiatischen Tropen nehmen ähnlich bunte und schillernde Nektarvögel ihre ökologischen Rollen beim Blütenbesuch ein. Die Nektarvögel sind jedoch Singvögel, also viel näher mit Spatzen und Amseln verwandt als die Kolibris, die zur Großgruppe der Segler gehören. Mit ihrer Spezialisierung auf die Nutzung von Blütennektar als Energie- und Kleinstinsekten als Proteinquelle, verbunden mit ihrer Miniaturisierung des Vogelkörpers auf Insektenkleinheit, gelten Kolibris für uns als beispielhaft für Anpassungen an das Leben im tropischen Regenwald.

In der Welt der Insekten geht es dort vornehmlich um Tarnung oder Warnung. Tarnung vor Fressfeinden macht einen Großteil der Insekten im tropischen Regenwald für uns ähnlich schwer sichtbar wie für die Vögel, die nach ihnen suchen, während andere mit plakativen Rot- und Gelbfarben oder höchst auffälligen Mustern so sehr ins Auge springen, dass auf den ersten Blick klar ist: Mit ihnen kann nicht alles in Ordnung sein. Sie sind giftig und tun dies mit den warnenden Farben und Mustern kund. Doch längst nicht alle sind es wirklich. Es gibt viele Nachahmer, die sich die ungenießbaren Vorbilder zunutze machen und sich damit tarnen, dass sie genauso auffällig wie diese aussehen.

Zusammengefasst heißt dies, dass der sogenannte Feinddruck in den tropischen Regenwäldern sehr hoch ist. Nur wer sich besonders gut tarnt und zugleich selten bleibt, kommt durch und überlebt. Die Nachahmer der Giftigen, die Mimikry-Formen, dürfen allerdings nicht zu häufig werden, ansonsten finden sie die stets aufmerksam suchenden Augen der Vögel und lernen sie von den wirklich giftigen Vorbildern zu unterscheiden. Da aber die Nahrung knapp und schwer zu finden ist, bleiben auch die Vögel selten. In großer Artenvielfalt können sie neben- und miteinander leben, weil sie sich einfach nicht stark genug vermehren können, um Konkurrenten, die ähnlich wie sie leben, also eine ähnliche bis nahezu gleiche Ökologische Nische einnehmen, zu verdrängen.

Über die Nahrungsketten verstärkt sich dieser Effekt der Seltenheit. Jaguare sind im amazonischen Regenwald extrem selten. Aber auch Leoparden im afrikanischen und südostasiatischen sowie Tiger in den Regenwäldern der großen Insel Sumatra, die in der letzten Eiszeit noch mit dem asiatischen Kontinent verbunden war. Wie in einer Kaskade stürzt Seltenheit zu immer größerer Seltenheit ab, bis für die Spitzen der Nahrungskette nichts mehr übrig bleibt. Reichhaltigeres Leben an größeren Tieren gibt es in Amazonien nur in den Randbereichen zur Savanne und zum Bergland sowie entlang der Weißwasserflüsse. Nicht ganz so tierarm sind die Regenwälder Zentralafrikas und Südostasiens, weil in diesen ein anderer ökologischer Effekt größerflächig wirksam wird. Er äußert sich in den amerikanischen Tropen am besten im schon genannten und hervorgehobenen Costa Rica. Dort lässt sich tropische Artenvielfalt ungleich besser als in Amazonien erleben, obwohl das Land so klein ist. Das liegt an den Vulkanen. Wie wir bei der genaueren Betrachtung der bisherigen Nutzung tropischer Regenwälder im globalen Vergleich noch sehen werden, hängt die Häufigkeit der Tiere sehr stark davon ab, wie reich oder arm an Mineralstoffen die Waldböden sind.

Berühmt sind Stellen, an denen sich Großpapageien, die Aras vor allem, aber sogar Säugetiere, wie der Jaguar, an Steilufern sammeln, um dort Erde zu fressen. In Peru tragen sie die Bezeichnung *Colpa* und sind begehrte Ziele von Naturtourismus. Weil Schwärme von Papageien von weither angeflogen kommen und die lehmigen Steilwände benagen, sodass sie dort mitunter wie dicht an dicht angeklebt aussehen. Mineralstoffmangel lässt sich kaum augenfälliger ausdrücken als im Verzehr von Erde. Von Menschenbabys, die unter solchem Mangel leiden, ist bekannt, dass sie Verputz von der Wand abzubeißen versuchen.

Wo aber Vulkanismus mineralstoffreiche Böden geschaffen hat und mit gelegentlichen Ausbrüchen wieder neues Material nachliefert, herrscht tatsächlich üppige Fruchtbarkeit. Da können auch Tiere häufig(er) werden. Hochgradiges Spezialistentum und das Überleben urzeitlicher Tierformen hängen mit diesem Mangel zusammen, der generell für die tropischen Regenwälder gilt. Vielfalt ist die Antwort des Lebens auf dürftige Lebensbedingungen. Zahllose Spezialanpassungen entstanden unter diesen Zwängen. Sie machen die Tiere und besonders die Pflanzen der Regenwälder für die Menschheit sehr wichtig. Weil sie die Lösung besonderer Lebensprobleme ausdrücken.

So entwickelten die Pflanzen Amazoniens eine Vielfalt an Inhaltsstoffen, die Raupen, Käfer und andere Insekten, aber auch Pilz- und Bakterienbefall abwehren. Die Indios kennen und nutzen einen Teil davon als Gifte oder als Medizin. Kautschuk ist so ein Naturprodukt, das vom amazonischen Baum *Hevea brasiliensis* nicht entwickelt wurde, um Gummi für Autoreifen zu liefern. Der Kautschuksaft verklebt die Mundwerkzeuge von Insekten, die diese Bäume anzuknabbern versuchen. Chinin aus der Chinarinde, ebenfalls von amazonischen Baumarten stammend, hilft gegen Malaria, wirkt aber primär als Abwehrmittel gegen Tierfraß. Kakao nutzen wir als Anregungsmittel, diverse andere Tropenpflanzen stillen Blutungen, heilen Entzündungen und verschaffen Schmerzlinderung. Der tropische Regenwald ist die größte Apotheke. Die Wirkung der meisten Mittel, die darin enthalten sind, kennt man jedoch noch nicht. Ihre äußerst komplexe Chemie bildet eine der Grundlagen für den besonderen Artenreichtum der Tropen. Die Vielzahl der Wirkstoffe zwingt geradezu in die Spezialisierung. Wo Überfluss herrscht, wäre sie nicht nötig. Wo aber jeder kleine Verlust zählt, setzen Schutzmaßnahmen ein. Spezialistentum ist ihr Ergebnis.

Wie extrem dieses in den Regenwäldern der Tropen ist, erschließt sich erst allmählich, seit damit begonnen wurde, die Artenvielfalt im Kronendach der Urwaldbäume zu untersuchen. Hunderte verschiedener Käferarten gibt es auf einzelnen Bäumen, viele davon bereits verschieden von den Arten der benachbarten Bäume. Erste Hochrechnungen führten zu kaum glaubhaft hohen Artenzahlen von zwanzig bis fünfzig Millionen. Die allermeisten davon sind hochgradig spezialisierte Regenwaldarten. Das war das Zehnfache des bis in die 1980er Jahre angenommenen, gesamten Artenreichtums der Erde. Knapp zwei Millionen Arten sind gegenwärtig bekannt, benannt und wissenschaftlich beschrieben. Die Unkenntnis ist also groß, auch was die Verlässlichkeit der Hochrechnungen betrifft. Die Sterne über uns sind genauer kartiert als die Lebensvielfalt, die uns umgibt. Inzwischen rechnen die Experten zwar mit deutlich weniger existierenden Arten. Sie gehen aber immer noch von fünf bis zehn Millionen aus, also dem Mehrfachen der bekannten. Die modernen molekulargenetischen Erfassungsmethoden werden genauere Erkenntnisse liefern, sofern die Mittel dazu bereitgestellt und die Forschungen in den Tropenländern zugelassen werden. Denn diese argwöhnen, es handle sich bei der Biodiversitätsforschung vornehmlich um verdeckte Nutzungen, also Bio-Piraterie. Weil dem »Kleinzeug« nicht anzusehen ist, was in ihm steckt an Einsatzmöglichkeiten in der Medizin oder auch in der Landwirtschaft.

Die Großtiere der Savanne können die Touristen nicht mitnehmen. Sie bieten umso größere Showeffekte. In den Kleintieren und Pflanzen können aber äußerlich nicht erkennbare Nutzanwendungen stecken. Die intensive Betonung der Bedeutung der Vielfalt für den medizinischen Bereich führte deshalb nicht etwa zu verstärkter Tropenforschung, sondern zu deren Behinderung. Sollten neue, hochwirksame Mittel entdeckt werden, machen die europäischen und nordamerikanischen Pharmafirmen den Gewinn. Den Herkunftsländern in den Tropen bleibt wenig oder nichts. Daher gehen sie nun extrem restriktiv mit der Tropenforschung um. Dem Regenwaldschutz kam das nicht zugute. Die Verlockung des kurzfristigen Nutzens, des schnellen Geldes, das mit der Abholzung von Tropenwäldern und der Anlage von Plantagen erzielt werden kann, steht ihrer Nutzung als langfristig ergiebige Ressource ohnehin massiv entgegen. Das ist in den Tropen nicht anders als bei uns. Hier wissen wir seit Jahrzehnten, dass die industrialisierte, hochgradig subventionierte Landwirtschaft nicht nachhaltig ist und dass sie schwerwiegende Natur- und Umweltschäden verursacht. Dennoch widersteht das Gewinnstreben mühelos der Vernunft. Die Interessen einiger weniger werden gegen die der großen Mehrheit der Gesellschaft durchgedrückt. Es steht uns daher nicht an, mit dem Finger auf Brasilien oder Indonesien zu zeigen. Doch betrachten wir vor der Behandlung der Regenwaldvernichtung, ihrer Ursachen und Folgen noch weitere Besonderheiten der Tierwelt und auch die sehr unterschiedlichen Verhältnisse in den drei großen Regionen mit tropischen Regenwäldern.

Warum im Regenwald Riesen und Zwerge wohnen

Die Tierwelt der tropischen Regenwälder übte von jeher eine besondere Faszination auf die Menschen aus; auf die Bewohner dieser Wälder selbst wie auch auf die Forscher, die sich hineinwagten in die geheimnisvollen Dschungel, die sie für höchst gefährlich hielten. Hieß es doch seit alten Zeiten, dass darin menschenähnliche Wesen mit übermenschlichen Kräften leben, aber auch Zwerge und sicherlich auch (böse) Geister. Besonders sagenumwoben waren die afrikanischen Regenwälder, in die sich Europäer zuletzt hineinwagten, weil allein schon die schwarzen Menschen in der Vorstellungswelt der Weißen als besonders gefährlich galten. Mehr als zweitausend Jahre früher hatte eine Expedition der Phönizier, bei der sie per Schiff angeblich Afrika umrundeten, Berichte von Ungeheuern in die damals sich für zivilisiert haltende Welt des Mittel-

Mata Atlantica – der brasilianische Küstenregenwald

Weitab von Amazonien liegt ein großes Regenwaldgebiet, das sich über mehr als tausend Kilometer das südostbrasilianische Küstengebirge entlangzieht. Der Passat trägt diesem *Mata Atlantica* genannten Tropenwald vom Südatlantik hohe Niederschlagsmengen zu. Sie fallen als sogenannte Steigungsregen. Haben die feuchten Luftmassen die steil aufragende Barriere des Küstengebirges überwunden, sinken sie ins abfallende Landesinnere und erwärmen sich. Dabei nimmt, wie bei einer starken Föhnlage, ihre Luftfeuchte ab.

Wenige Kilometer Luftlinie nach dem von vielen mehr oder weniger kegelförmigen Gipfeln gebildeten Gebirgskamm beginnt daher bereits niederschlagsarmes Buschland. Die Brasilianer nennen es *Campo cerrado*, was (verglichen mit dem Grasland der Pampa) schwer zugängliches Feld bedeutet. Noch erheblich trockener als in der Cerrado-Region, in der auch Brasiliens Hauptstadt Brasilia liegt, wird es äquatorwärts im Nordosten. Die weiten Landflächen zwischen Küstengebirge und den südlichen Zuflüssen des Amazonas nehmen einen fast wüstenhaften Charakter an. Das ist Brasiliens Dürreregion, der *Sertão*, mit einem Buschwald, in dem es so viele Bäume mit hellrindigen, die brennende Sonne abweisenden Stämmen gibt, dass die Indios den Wald *Caatinga* (weißes Holz) genannt haben. Zwischen den Regenwäldern Amazoniens und der *Mata Atlantica* liegen somit weite Regionen, die für Regenwaldtiere unpassierbar sind. Mit der Folge, dass sich im schon sehr lange isolierten Regenwald im brasilianischen Küstengebirge viele eigenständige und besondere Arten entwickelt haben.

Mit dem Goldenen Löwenäffchen *Leontopithecus rosalia* blickt uns das vielleicht bezeichnendste und zugleich auch gefährdetste Tier dieses Regenwaldes entgegen. Denn er ist bereits zu großen Teilen abgeholzt und vernichtet; an die achtzig Prozent seines Bestandes, den er vor zweihundert Jahren noch eingenommen hatte, sind bereits verschwunden. Mit diesem bezaubernden Äffchen sind viele weitere Arten gefährdet. In der *Mata Atlantica* gibt es Orchideen in sicherlich noch nicht vollends bekannter Artenfülle. Die rosa blühende *Laelia lucasiana* gehört noch zu den eher typischen Formen. Zahlreiche Orchideen wachsen wie die abgebildete auf nacktem Fels, der im brasilianischen Küstengebirge von jenem Granit gebildet wird, dem der berühmte »Zuckerhut« an der Einfahrt in die Bucht von Rio de Janeiro seine bezeichnende Form verdankt. Dieser Granit verwittert in rundlichen Formen, die wenig Ansatz für das Wurzeln und Wachsen von Pflanzen bieten. Mit der Waldzerstörung einher ging daher auch der Verlust der dünnen Böden, die sich auf dem Felsgestein gebildet hatten. Rasch verloren die Hänge mit der sie schützenden Vegetation auch die Böden und die Fruchtbarkeit.

Profitiert hatten die Täler und das Vorland, die Küstenebene, von diesen Auswaschungen und Abspülungen. Dort konzentrieren sich daher große Teile der Bevölkerung Brasiliens. Ins Landesinnere hinein dünnt sie rasch aus. Brasilien ist nach wie vor überwiegend ein Küstenstaat und mit der Lebensweise der Bevölkerung darauf bezogen. Das Landesinnere ist weit und fern, auch in kultureller Hinsicht. Es gilt als erst noch zu erobernder, zu kultivierender »Westen«, wie einst in den USA. Mit Folgen für die Einstellung zur Natur. Im dicht besiedelten Küstenbereich

Laelia lucasiana
Diaethria clymena
Leontopithecus rosalia
AURAUCARIA
ANGUSTIFOLIA

3. Mata Atlantica – der brasilianische Küstenregenwald

funktioniert der Schutz der Restflächen von Regenwald in der *Mata Atlantica* viel besser als in den großen fernen Reservaten Amazoniens. In Südbrasilien ist man sich des Wertes der noch verbliebenen Regenwälder im Küstengebirge und der besonderen Tier- und Pflanzenarten, die es darin gibt, durchaus bewusst. Schutzmaßnahmen gingen vor mehr als einem halben Jahrhundert dort bereits von Privatpersonen aus. Sie erwarben ganze Gebirgsstöcke und erklärten sie zum Reservat.

Aber auch die Natur selbst kommt mit ihrem zwar feuchten, aber doch bereits randtropischen Klima den Schutzbemühungen zugute. Das Goldene Löwenäffchen ließ sich aus Restbeständen retten. Noch gibt es in der *Mata Atlantica* Brüllaffen und weitere Affenarten, Nasenbären, Ameisenbären und insbesondere eine großartige Vielfalt von Vögeln und Schmetterlingen. Häufig ist *Diaethia clymena*, der 88er, wie dieser Schmetterling von Bläulingsgröße nach seiner markanten Zeichnung auf der Unterseite der Hinterflügel in Brasilien genannt wird. Überall kann man ihn antreffen, wo es Wald, Buschwerk und Pfützen gibt. Mitunter sammeln sich diese Falter zu Dutzenden oder sogar zu Hunderten, um aus feuchtem Schlamm Mineralstoffe zu saugen.

Häufig gibt es nach wie vor auch Kolibris in der *Mata Atlantica*. Die meisten verlassen aber die Bergregenwälder im Winter, in dem feuchtkühle bis unangenehm kalte Wolkenmassen heranrücken. Denn da gibt es keine Blüten mehr im Bergwald. Die Kolibris fliegen auf kurze Strecke ins Vorland, wo in den Gärten umso mehr Blüten blühen. Einige bleiben jedoch oben in Höhen von 800 bis 1000 Metern über dem Meer. Dort scheinen sie sich mit »Fahrstuhlfahren« zu vergnügen. Unablässig fliegen sie an Baumstämmen aufwärts und abwärts. Da sie mit der Schnabelspitze die Bäume nahezu berühren, erkennt man bald, warum sie dies tun. Aus der Rinde ragen haarfeine Wachsröhrchen, an deren Spitze sich von Zeit zu Zeit ein glasiger Tropfen bildet. Ein süßer Tropfen! Schildläuse sitzen in der Rinde, von der dünnen Borke bedeckt und damit unsichtbar. Sie saugen Saft und scheiden den Überschuss über das Wachsröhrchen aus.

Die Kolibris lecken die Tröpfchen auf. Sie tun damit das Gleiche wie bei uns die Honigbienen, wenn sie im Wald die Ausscheidungen von Blattläusen sammeln. Allerdings machen sie daraus den Waldhonig, den ein spezielles Aroma auszeichnet. Die Kolibris nutzen den Zucker im Honigtau dieser Schildläuse, die nach dem Baum, in dessen Rinde sie leben, Bracaatinga-Schildläuse genannt werden, als Treibstoff für ihren Flug und zur Wärmeerzeugung im Körper. Was sie ausscheiden, ist das im unmittelbaren Wortsinn überflüssige Wasser. Die Kolibris und die Schildläuse sind eines der vielen Naturwunder der *Mata Atlantica*. Im Aufwind, der sich an den Bergen entwickelt, segeln am Tag fast immer die großen, dunkel gefiederten, aber rotköpfigen Truthahngeier. In die südlichen Ausläufer der *Mata Atlantica* mischen sich zunehmend merkwürdige, entfernt an Pinien erinnernde Bäume. Das sind die Brasilianischen Araukarien *Araucaria brasiliensis*. Ihre stachligen, schuppenartig ausgebildeten Nadeln zeichnen sie aus. Die Zapfen, die sie bilden, ähneln Pinienzapfen, obwohl die Araukarien nicht näher mit den Kiefern verwandt sind. Ihr Holz ist wertvoll, und so wurden die Araukarienbestände rasch dezimiert. Vor Jahrhunderten gab es sie noch als richtige Wälder, die vom randtropischen Regenwald überleiteten in den außertropischen Wald und schließlich in das Grasland, die Pampa.

meerraums gebracht. Halb Affe, halb Mensch sollten diese Wesen sein und über ungeheuere Kräfte verfügen. In der frühen Neuzeit, als europäische Entdecker aufbrachen, den dunklen Kontinent zu erforschen, nahm man an, dass damit Gorillas gemeint waren. Oder auch »nur« Schimpansen, deren Größe und Stärke in der menschenüblichen Weise maßlos übertrieben worden war. Wie es auch gewesen sein mag, Tatsache ist, dass im Bereich des äquatorialen Tropenwaldes Afrikas die Gorillas als die bei Weitem größten und stärksten Menschenaffen leben. Aber auch Pygmäen, die als echte Menschen die Kleinsten unserer Art sind.

In Amazonien und Südostasien leben die größten Schlangen, die Anakonda und der Netzpython, und es gibt an den tropischen Flüssen Südostasiens und Afrikas mit dem Salzwasserkrokodil und dem Nilkrokodil die größten und gefährlichsten Echsen. Im Stromsystem des Amazonas ist der größte Süßwasserfisch zu Hause, der Arapaíma. Namen wie Goliathfrosch, Riesenskolopender, Herkuleskäfer oder Riesenspinnen drücken außerordentliche Größe aus. An der Natur interessierte Touristen, die einen tropischen Regenwald besuchen, erwarten riesige, phantastisch schillernde Schmetterlinge und bunte Vögel in großer Artenfülle, aber sie müssen auch mit höchst unerwünschtem und durchaus gefährlichem Kleinzeug rechnen, das Erkrankungen auslöst. Gibt es also von allem etwas im Regenwald, und dies vielfach in extremen Formen? Oder lassen sich Prinzipien in der Zusammensetzung der Tierwelt erkennen?

Mit diesem Problem beschäftigen sich die Forscher seit Beginn der Bestandsaufnahme von Tierarten im 18. Jahrhundert. Noch immer ist diese nicht abgeschlossen, auch wenn es gewiss kaum noch größere Tiere in den Regenwäldern der Tropen zu entdecken gibt. Die große Artenfülle steckt in den kleinen Tieren; bei den Käfern vor allem, aber auch in anderen Gruppen von Insekten. Tiere, deren Körper nur wenige Millimeter Länge misst, sind am wenigsten bekannt, aber offenbar am artenreichsten vorhanden. An Zigtausenden unbekannten Käfern liegt es, dass die zoologische Forschung nach wie vor nicht einmal eine halbwegs brauchbare Größenordnung für den Artenreichtum der Tropen angeben kann. Es sind einfach viel zu wenige Experten vorhanden, die in die Welt der Winzlinge der Tierwelt eindringen können. Käfer von Sandkorngröße sind auch nicht gerade attraktiv für Insektenforscher. Zudem waren und sind es Amateure, die mit ihren Sammlungen die grundlegenden Kenntnisse zu Vorkommen, Verbreitung und Häufigkeit von Insekten erarbeiten. Der allergrößte Teil der Sammlungsbestände in naturkundlichen Museen stammt von privaten Sammlern. Dass sie in unserer Zeit durch Artenschutzbestimmungen so sehr beeinträchtigt werden, ist eine der Fehlentwicklungen im Naturschutz, der an falscher Stelle ansetzt und damit auch nichts bewirkt.

Aber zurück zur Größenfrage. Dank der Sammler wissen wir, dass es in den Tropenwäldern nicht nur sehr viele sehr kleine Insekten gibt, sondern auch besonders große Arten. Diese waren selbstverständlich auch stets die Gesuchten und Geschätzten: Käfer, so groß wie wohlgenährte Mäuse, Schmetterlinge mit Flügelflächen wie Fledermäuse oder Stabheuschrecken, die wie lebendig gewordene Aststücke aussehen. Bilden sie zusammen mit den vielen kleinen bis winzigen Arten einfach das insektentypische Spektrum, das außerhalb der Tropen zunehmend verarmt und gleichsam von beiden Enden des Größen-

spektrums her zurückgestutzt wird auf mittlere Größe? So eine Deutung der Befunde liegt nahe, wenn wir die Verhältnisse bei den Fröschen, den Echsen und Schlangen betrachten. Oder bei den Fischen in den Gewässern der Tropenwälder. Da finden wir auch viele bis sehr viele kleine Arten und die eindrucksvollen bis furchterregenden Großen, wie die Riesenschlangen, die großen Warane, Echsen, die auch für Menschen gefährlich sein können, und die Goliathfrösche. Und die Winzlinge dazu: Frösche, die kaum Fingernagelgröße erreichen, Fische, die wie Lichtblitze im Wasser funkeln, wenn sie im Aquarium schwimmen, oder Geckos, die keiner großen Fliege noch etwas zuleide tun könnten.

Die meisten Arten entsprechen aber in ihrer Körpergröße weitgehend normalen Verhältnissen, wie wir sie aus der Tierwelt außertropischer Regionen kennen. Woraus wir schließen können, dass die Tropenwälder mehr zulassen an Entfaltungsmöglichkeiten des Lebens als die klimatisch gemäßigten und kalten Regionen. Sollte dies die alleinige Erklärung für das Phänomen der Körpergrößen in der Tierwelt sein, müsste sich die in Gang gekommene Erwärmung des Klimas günstig auf die Artenvielfalt auswirken. Und keine Bedrohung darstellen. Für viele wärmebedürftige Arten ist diese Schlussfolgerung durchaus richtig. Aber Größe und Vielfalt hängen nicht nur von den Temperaturen, ja nicht einmal von den klimatischen Verhältnissen allein ab. Das zeigt ein Blick auf die beiden uns besonders nahen Tiergruppen, nämlich auf die Säugetiere und die Vögel.

Im flächengrößten Tropenwaldgebiet der Erde, dem Amazonasregenwald, sind die Säugetiere nur bis zur Mittelklasse der Größe vertreten, und die Vögel erreichen nicht einmal diese. Das größte Säugetier ist dort der Flachlandtapir; ein ziemlich urtümlich wirkender, ferner

Verwandter der Pferde von der Körpermasse eines Schweins. Die Woll- und die Brüllaffen sind als Bewohner der Baumkronen mit deutlich unter zehn Kilogramm Körpergewicht nicht gerade angsteinflößend. In der amazonischen Vogelwelt bilden die großen Aras und einige Hühnervögel schon die größten Arten, die lediglich von wenigen Greifvögeln wie der immens starken Harpyie übertroffen werden.

Ähnliche Verhältnisse zeigen sich in der Vogelwelt der afrikanischen und südostasiatischen Regenwälder, allerdings mit einigen aufschlussreichen Abweichungen. So lebt in den Wäldern Neuguineas mit dem Kasuar ein gewaltiger Straußenvogel wie ein Überbleibsel aus ferner Urzeit. Im Kongoregenwald gibt es Waldelefanten, Waldbüffel und das Okapi als Waldgiraffe sowie große Arten von Waldschweinen. In den südostasiatischen Regenwäldern entsprechen Waldrinder, eine Nashornart und, ursprünglich auch viel weiter als gegenwärtig verbreitet, die Indischen Elefanten der afrikanischen Großtierwelt. Tiger und Leopard sind dazuzurechnen. Leoparden kommen auch im afrikanischen Regenwald vor. Im amazonischen Bereich ist der Jaguar der entsprechende große Jäger in der Tierwelt.

Diese groben Hinweise könnten für sich allein betrachtet eher verwirren als tiefere Einblicke in die Prinzipien vermitteln, denen zufolge die Tierwelt der Tropenwälder gestaltet ist. Doch wenn wir die Menschen mit hinzunehmen, erhellen sie die verborgenen Gegebenheiten. Denn natürliche Vorkommen und Häufigkeit großer Säugetiere entsprechen dem ursprünglichen Vorhandensein von Menschen unterschiedlicher Kulturen und Anpassungsformen als Regenwaldbewohner, bevor die Europäer in der Kolonialzeit eindrangen und die Verhältnisse grundlegend veränderten.

Große Säugetiere, wie Elefanten oder Büffel, haben nicht nur einen hohen Bedarf an Nahrung, sondern sie müssen für ihre Ernährung auch Ansprüche an deren Qualität stellen. Darin gleichen sie uns Menschen. Wo die Böden in den Tropenwäldern aber ungünstig oder schlecht sind für eine ackerbauliche Nutzung oder für die Anlage von Gartenkulturen, finden auch große Säugetiere nicht genügend oder keine qualitativ ausreichende Nahrung. Vereinfacht ausgedrückt: Wo es von Natur aus viele Säugetiere und Vögel gibt, sind die Verhältnisse für die Kultivierung günstig. Und umgekehrt. Denn Säugetiere und Vögel haben in ihrem Stoffwechsel einen hohen Grundumsatz, wie wir Menschen als Säugetiere auch. Und auch wenn der Bedarf pro Kilogramm Körpergewicht mit zunehmender Körpermasse abnimmt, so bleibt er dennoch weit höher als bei Tieren mit niedrigem Grundumsatz, wie bei den Kriechtieren, Fröschen oder den Insekten. Bei diesen bedeutet zunehmende Größe eine sich vergrößernde Überbrückung schlechter Zeiten. Riesenschlangen und Großkrokodile können lange hungern. Säugetiere gleichen Gewichts wären in einem Bruchteil der Zeit, die diese Riesen ohne Nahrung überdauern können, bereits verhungert. Größe ist also im Tropenwald eine Anpassung an den Mangel, wie Kleinheit auch, wenn es wenig zu holen gibt.

Die indigene Bevölkerung Amazoniens ernährte sich vornehmlich von Fischfang und der Nutzung anderer Wassertiere. Die Jagd nach Säugetieren oder Vögeln bildete eine Ergänzung. Die Besiedlung erfolgte daher entlang der Flüsse mit Zentren in den Übergangsbereichen zur Savanne. Die großen, geschlossenen Waldflächen blieben weitgehend menschenleer, wie auch nur selten von Säugetieren, wie Pekarirotten, den amerikanischen Nabelschweinen, durchstreift. Das Leben der Säugetiere konzentrierte sich an den Flüssen und in den verhältnismäßig kleinen Formen in den Baumkronen. Drei Tiergruppen brachten es aber im tropischen Tiefland von Südamerika zu größerer Körpergröße; Tiergruppen, die sich auf diesen Kontinent beschränkt entwickelt hatten, die Gürteltiere, die Ameisenbären und die Faultiere. Von Faultieren hatte es Riesenformen gegeben, die ebenso wie Verwandte der Riesengürteltiere ausgestorben sind, nachdem Menschen, die Vorfahren der südamerikanischen Indios, eingewandert waren. Diese drei Gruppen höchst ungewöhnlicher Säugetiere zeichnen sich durch einen außerordentlich niedrigen Grundumsatz an Energie aus. In der Bezeichnung »Faultier« drückt sich diese Eigenschaft aus. Sie bedeutet, dass der Körper auf einem ähnlich niedrigen Energieniveau arbeitet wie bei großen Reptilien. Zumindest Europäer dürften dies nachempfinden können, wenn sie sich im Tropenwaldklima schlapp und leistungsschwach fühlen. Und der einheimischen Bevölkerung nicht unterstellen, sie sei faul. Andererseits sehen wir aber auch, wie außerordentlich anpassungsfähig an die unterschiedlichsten klimatischen Verhältnisse der Mensch tatsächlich ist. Kein anderes größeres Landsäugetier lebt so verbreitet und so vielfältig fast überall auf dem Globus wie der Mensch. Nicht einmal die Ratten vermochten ihm überallhin zu folgen.

Warum Kolibris so klein und Paradiesvögel so schön sind

Sie sind wunderschön, so schön, dass es schwerfällt, diese Juwelen der Vogelwelt zu beschreiben. Wie besondere Orchideen machen sie sich zudem rar, obwohl es sehr viele Arten von Kolibris gibt, etwa 350 verschiedene Arten sind gegenwärtig bekannt. Die Paradiesvögel zählen zwar nur gut 40 Arten, was aber dennoch eine beachtliche Vielfalt ist, weil diese Vogelfamilie nur auf Neuguinea und einigen Inseln der unmittelbaren Umgebung vorkommt.

Kolibris hingegen leben auf beiden großen Westkontinenten, in Nord- und in Südamerika, von Alaska bis Feuerland. Aber die allermeisten Arten gibt es nur in den tropischen Regenwäldern von Mittelamerika südwärts bis Peru und Mato Grosso in Brasilien. Die außertropischen Regionen bieten nicht das ganze Jahr über an Nektar reiche Blüten. Solche haben die Vogelzwerge aber nötig, sonst können sie, von besonderen Verhältnissen abgesehen, nicht überleben. Denn der zuckerhaltige Nektar der Blüten bildet den Treibstoff für ihre überaus aufwändige Flugweise, den Schwirrflug. Mit diesem können sie an beliebiger Stelle in freier Luft gleichsam stehen bleiben, und nicht nur vorwärts, auf- oder abwärts, sondern auch ohne umzudrehen ein Stück rückwärts fliegen.

Diese Art zu fliegen erinnert an manche Insekten. Aber anders als bei diesen wird die hohe Frequenz, mit der die Flügel schlagen, nicht durch elastische Schwingungen des Körpers ermöglicht. Bei den Kolibris arbeiten die Muskeln so schnell. Kolibris bestehen, etwas überzogen ausgedrückt, hauptsächlich aus Flugmuskeln. Deren Bedarf an Energie ist hoch; sehr hoch. Pro Gramm Körpergewicht oder pro Minute Flug setzt ein Kolibri im Schwirrflug rund das Zehnfache der Energie um, die ein »normaler« Kleinvogel für seinen Flug aufwendet. Entsprechend viel Sauerstoff benötigt diese spezielle Flugweise. Und viel Wasser zum Kühlen der Muskulatur, die diese extremen Leistungen vollbringt.

Dabei sind die Kolibris als Vögel wirklich winzig, nicht bloß, weil sie uns so klein vorkommen und sie aus unserer Sicht besser in die Welt der Schwärmer unter den Schmetterlingen passen würden. Tatsächlich fliegen diese ähnlich und setzen dabei auch vergleichbar viel Energie um. Doch unter den schnell fliegenden Schmetterlingen sind die Schwärmer die Größten, die Kolibris aber unter den Vögeln die Kleinsten. Sie wiegen kaum drei Gramm! Der größte Kolibri, der auf blütenreichen Hochflächen der Anden in Südamerika vorkommende Riesenkolibri, bringt es mit seinen knapp 20 Zentimetern Körperlänge auf etwa 20 Gramm, also nicht einmal Spatzengewicht. Entsprechend winzig sind die meist zwei Eier, die Kolibri-Weibchen legen und im geradezu spielzeughaft kleinen Nest bebrüten. Da diese nicht beliebig klein werden können, weil ein hinreichend entwickeltes Vögelchen daraus schlüpfen muss, das wenigstens in der Lage ist, den Kopf zu heben und den Schnabel aufzusperren, macht das Gelege rund die Hälfte des Körpergewichts des Kolibri-Weibchens aus. Warum so klein, ist daher eine weitere Frage, die einem in den Sinn kommt. Und weshalb so schön, was die Männchen betrifft?

Verschieben wir die Frage der Schönheit und behandeln wir sie dann zusammen mit den Paradiesvögeln. Denn, um besonders schön zu sein, ist Winzigkeit nicht vonnöten. Erfreulicherweise, wie man mit Blick auf andere Lebewesen hinzufügen darf. Die Winzigkeit der Kolibris ist ein Problem für sich, besonders für die häufig eher schlicht gefiederten Weibchen. Denn sie müssen nicht nur die Eier in ihrem Körper erzeugen, sondern auch die schier ununterbrochen hungrigen Jungen füttern, bis sie ausgewachsen und flugfähig sind. Zur Kleinheit kommt damit auch die hohe Leistung hinzu, die nötig ist für die erfolgreiche Fortpflanzung. Denn anders als die den Kolibris ähnlichen Schwärmer, die als Schmetterlinge ein eigenständiges Raupenstadium haben, das sich von der Futterpflanze ernährt und keine Versorgung durch die Mutter benötigt, sind die Kolibri-Jungen eben nicht nach dem Schlüpfen aus dem Ei selbstständig. Der Aufwand, sie großzuziehen, ist gewaltig und auf den Menschen bezogen kaum vorstellbar.

Denken wir darüber nach, so wird rasch klar, dass es den Kolibris bei dieser so aufwändigen Lebensweise an Energie nicht mangeln darf. Nur, wenn sie normalerweise genug davon haben und sich leicht Energie beschaffen können, ist so ein Leben möglich. Die Energiequelle ist Nektar, Blütennektar. Mit seinem Zuckergehalt liefert dieser den Brennstoff für den Betrieb des Körpers. Kolibris sind daher nahezu ununterbrochen auf der Suche nach Nektar. In Zeiten und in Gebieten, in denen Blüten einige Zeit rar sind, verteidigen sie diese wie einen besonderen Schatz mit großer Heftigkeit. Sogar Menschen können angegriffen werden, wenn sie gerade eine blütenreiche Stelle blockieren. Unwillkürlich weicht man zurück, schießt so ein Minitorpedo auf die Augen zu. Größere Vögel und die allermeisten Insekten, die auch an Nektar interessiert sind, lassen sich vertreiben. Dennoch tritt immer wieder Mangel an Treibstoff für die Kolibris auf.
Das beginnt bei der mit 12 Stunden relativ langen Tropennacht, die überstanden werden muss, und geht über in die Phasen von anhaltendem Regenwetter, das selbst in den Tropen auch für Menschen unangenehm kühl bis nasskalt sein kann. Solche Außenbedingungen überstehen die Kolibris

mit starker Absenkung ihrer Körpertemperatur. Sie versinken damit in eine Starre, Torpor genannt, in der nur noch wenig Energie umgesetzt wird. Diese Winzlinge wechseln damit in den wechselwarmen Körperzustand. Das spart sehr viel Energie, die nachts oder bei kalter Witterung ohne offene Blüten nicht gewonnen werden kann.

Die Betrachtung des Umsatzes an Energie macht uns zwar verständlich, dass die Kolibris ein so aufwändiges Leben führen können. Aber warum sollten sie? Beständig Nektar trinken, um rasend schnell mit den Flügeln schlagen zu können, liefert keine Erklärung, warum es sich lohnt, als Kolibri zu leben und zudem in so vielen spezialisierten Arten zu existieren. Ein einfacher, klarer Befund hilft bei diesem Problem weiter: Der Zucker im Nektar liefert zwar rasch Energie, wie Traubenzucker, den wir bei akutem Bedarf zu uns nehmen. Aber daraus können die Weibchen keine Eier bilden. Hierfür sind Proteine nötig. Diese erjagen die Kolibris mit ihrem Schwirrflug, nämlich Klein- und Kleinstinsekten, die das sogenannte Luftplankton bilden oder, kaum auszumachend an der Vegetation, oft an der Unterseite von Blättern sitzen. Diesen Kleinstinsekten stellen die Kolibris nach. Dafür ist der aufwändige Schwirrflug nötig, denn die Winzlinge müssen regelrecht und punktgenau gepflückt werden. Die feinen, spitzen Schnäbel taugen nicht nur zum Saugen von Nektar, sondern sie wirken wie Spezialpinzetten beim Erfassen der Kleinstinsekten. Und diese haben insbesondere in den Regenwäldern der Tropen eine besondere Eigenschaft, die sie attraktiv macht: Sie sind in der Regel nicht gifthaltig. Sehr viele der größeren und großen Insekten speichern in ihren Körpern Giftstoffe, die ihre Larvenstadien aus der Pflanzennahrung aufgenommen haben. Oder sie bilden selbst welche, wie viele Wanzen. Wer nicht giftig ist, so die treffende Regel, tarnt sich so gut es irgendwie geht gegen Fressfeinde aus der Vogelwelt. Die Kolibris lösten mit ihrer Evolution zur Kleinheit und mit der Entwicklung des Schwirrfluges das Ernährungsproblem mit der Nutzung der Kleinstinsekten. Der Zucker im Nektar liefert den Treibstoff dafür. Und deckt auch den hohen Wasserbedarf.

Damit äußert sich in den Kolibris gleich eine Grundgegebenheit, die tropische Regenwälder auszeichnet: der Mangel an Nahrungsorganismen, die nicht durch Gifte geschützt sind. Dieser Mangel lässt sich nur durch ganz besondere Anpassungen überwinden, wie eben durch den Schwirrflug. Dieser ist möglich, weil die beständig hohe Energiezufuhr durch die Sonne in der Tropenwelt die »Brenn- oder Treibstoffe« liefert. Diesem einen Prinzip gesellt sich das zweite hinzu, nämlich die Aufspaltung in viele Arten mit oft nur sehr kleinen, begrenzten Verbreitungsgebieten. So hat Amazonien so viele Arten von Kolibris wie Europa an Vögeln insgesamt.

Noch ausgeprägter drückt sich die Artenvielfalt bei den Paradiesvögeln von Neuguinea aus. Das Prinzip ist gleichartig gelagert: Unterschiedliche Arten leben geographisch auf engem Raum nebeneinander, oft nur durch Bergketten voneinander getrennt oder inselartig verteilt. Doch diese rund 40 Arten von Paradiesvögeln leben ganz anders als die Kolibris. Sie ernähren sich überwiegend von Früchten, sind in etwa normal groß, und die meisten zeichnen sich durch eine geradezu verschwenderische und für Dschungelverhältnisse lebensgefährlich anmutende Schönheit des Gefieders aus – bei den Männchen! Die Weibchen sind schlicht gefiedert und mit ihren Tönungen und ihrem Verhalten gut getarnt. Die Männchen dagegen stellen sich zur Schau. Manche Arten vollführen sogar eine Schaubalz, zu der eine ganze Gruppe von Männchen zusammenkommt. Wie beweglich gewordene, ganz außergewöhnliche Blüten hängen und turnen sie in der Krone eines Baumes und geben sogar weithin schallende Rufe von sich. Dass sie mit unseren Krähen verwandt sind, sei hier eingeflochten. Darauf ist zurückzukommen.

Die Pracht der Paradiesvogel-Männchen hängt mit der Weibchenwahl zusammen. Die Männchen beteiligen sich nicht am Bebrüten der Gelege und an der Versorgung der Jungen. Das machen die Weibchen alleine. Das Prachtgefieder wird auf den Balzplätzen zur Schau gestellt. Die Weibchen kennen diese Plätze und besuchen sie, wenn für sie Bedarf besteht, sich bildende Eier befruchtet zu bekommen. Dabei wählen sie das schönste, das fitteste Männchen für die Paarung. Und selektieren so auf Schönheit. Bis diese für die Männchen zur gefährlichen Belastung wird? An dieser Frage scheiden sich die Geister unter den Biologen. Viele sind der Ansicht, die sexuelle Selektion der Weibchen würde übertriebene Schönheit bei den gewählten Männchen erzeugen. Doch mangelt es an klaren Befunden, die belegen würden, dass die Männchen durch ihr Prachtgefieder benachteiligt sind. Eher ist das Gegenteil der Fall. Die Männchen überleben besser, trotz Prachtgefieder, weil die Weibchen mit Nisten, Brüten und Fütterung der Jungen weit größeren Gefahren und einer ungleich stärkeren körperlichen Inanspruchnahme ausgesetzt sind. Daher geraten die Männchen auch in die Überzahl und konkurrieren umso heftiger untereinander.

Die Kolibris liefern uns dazu weitere Anhaltspunkte, weil sie, Männchen wie Weibchen, bei ihrer Kleinheit nahezu keinem Feinddruck mehr ausgesetzt sind. Allenfalls verfangen sie sich in großen Spinnennetzen. Doch diese sind »blind« für Schönheit und wirken nicht selektiv. Die Männchen der Kolibris entwickeln aber in ähnlichem Umfang,

Inselberge im Regenwald

Aus dem nordbrasilianischen Regenwald ragen im Grenzgebiet zu Venezuela mehrere Gebirgsstöcke so hoch auf, dass sie über die Höhengrenze des tropischen Regenwaldklimas hinausreichen. *Tepuí* werden sie genannt. Sie bilden Inseln im sie umgebenden Regenwaldmeer; Inseln, auf denen die Zeit stehen geblieben scheint, so urtümlich wirken sie auf die wenigen Menschen, die sich auf ihre meist wolken- und nebelverhangenen Plateaus hinaufwagen. Das taten sogar die Indios selten, die in den diese Bergstöcke umgebenden Wäldern leben. Denn der oftmals sehr steile Aufstieg ist gefährlich, vor allem, wenn unvorhergesehene Wolkenbrüche niedergehen. Und solche kommen fast in jedem Monat des Jahres vor, weil sich auch dann regenschwangere Gewitterwolken bilden, wenn der Nordostpassat der Großregion trockenes Wetter bringt. Zu erjagen gibt es dort oben auch wenig bis nichts. Größere Säugetiere sind in den amazonischen Regenwäldern ohnehin selten. Auf den *Tepuís* fänden Affen oder Tapire wenig. Wie rar dort die lebensnotwendigen Stickstoffverbindungen sind, zeigen die »fleischfressenden Pflanzen« an, die es in großen Beständen und zahlreichen Arten dort oben gibt. Mit ihren zu Fallen umgewandelten Blättern fangen sie Insekten, die der Wind hochgeweht hat. Was dauerhaft auf diesen Inseln in der Zeit an Tieren lebt, gehört zu den ganz besonders genügsamen Formen. Und zu solchen, die sich, wie die Ameisen, eigenständig geeignete Lebensbedingungen schaffen können.

Die Inselberge sind für die Forschung sehr interessant. Auf ihren Höhen existieren Pflanzen und Tiere, die nie unter der Einwirkung von Menschen gestanden haben. Sie bilden so etwas wie einen Urzeitzustand. Aber auch ihnen zu Füßen zeichnet sich der Regenwald durch eine geringe bis kaum merkliche Einflussnahme durch die Menschen aus. Dabei leben bzw. lebten um die *Tepuís* sehr wohl Indios, sogar in kopfstarken Gruppen. Am bekanntesten geworden sind die Yanomami, weil ihre Lebensweise noch mit am ausgeprägtesten den Zustand von Menschen als Jäger und Sammler mit einfacher, häufig wechselnder Gartenbaukultur zeigt. Sie dezimierten durchaus manche Säugetiere und Vögel, ließen aber mit ihren kleinräumigen Pflanzungen, die nach Rückgang der Erträge an Maniok und Palmfrüchten an andere Stellen gewechselt werden mussten, die Wälder weitgehend im ursprünglichen Zustand. Die von diesen Indios angelegten kleinen Lichtungen holte sich der Wald zurück, sobald die Bewirtschaftung aufhörte. Die Jagd nach Vögeln, deren bunte Federn sie verwerteten und deren Brustfleisch sie aßen, verminderte deren Vorkommen und Häufigkeit nicht allzu sehr. Wahrscheinlich gilt dies auch für Affen, kleine Wildschweine (Pekaris) und den Tapir. Aber die aus unserer Sicht brutal anmutende Lebensweise, vor allem der Umgang mit Frauen, drückt aus, wie knapp die Lebensbedingungen waren, schon bevor die ersten Missionare und andere Abkömmlinge von Europäern und Nordamerikanern in ihre abgeschiedene Welt eindrangen.

Ameisenbären, insbesondere der auffälligere Kleine Ameisenbär oder Tamanduá, und Affen mittlerer und kleiner Körpergrößen charakterisieren die nicht flugfähigen Säugetiere dieses amazonischen Randbereiches. Viel häufiger und artenreicher kommen aber Fledermäuse in diesen

Karibisches Meer
Atlantik
Caracas
Orinoco
Auyan Tepui
2953 m
Guyana
Suriname
Lake Maracaibo
Pico Bolivar
Salto Angel
Kukenan Tepui
Roraima 2810 m
Venezuela
Franz. Guyana
Kolumbien
3014 m
Pico de Neblina
Brasilien
Heliamphora nutans
Sumpfkrug

4. Inselberge im Regenwald

Wäldern vor. Wie in Zentralamazonien gehört die Fähigkeit, fliegen zu können, zu den wichtigsten Anpassungen der Tierwelt. Weit fliegen die großen bunten Aras. Sie tun dies mit weithin schallenden, rauen Rufen kund und sind meistens paarweise oder in kleinen Gruppen unterwegs. Noch viel weiter eilen die vom Boden aus nicht sichtbaren Segler, weil das Laubdach sie abschirmt. Sie jagen hoch in der Luft nach Insekten, wo Gewittertürme diese den Baumkronen mit ihrem Sog nach oben entreißen und emportragen.

Die Schmetterlinge, die am Tag fliegen, tragen meistens auffällig warnende Muster, oder sie tarnen sich so gut, dass sie für unsere Augen fast unsichtbar werden. Ungleich mehr Arten und viel größere Mengen sind im Schutz der Nacht unterwegs. Doch da sind Fledermäuse hinter ihnen her. Trotz der immensen, noch kaum erforschten Artenfülle der Insekten, die es in diesen Wäldern gibt, haben es die von Insekten lebenden Tiere schwer, genug davon zu erbeuten. Die bedeutendsten Insekten der Menge nach sind die Ameisen und die Termiten. Von diesen lebt der Kleine Ameisenbär. Mit kärglicher Insektenbeute müssen die Baumsteigerfrösche zurechtkommen. Manche Arten legen ihre Eier nicht nach Froschart in Kleingewässern, sondern hoch oben in den Bäumen im Blatttrichter von Bromelien ab. Dort sind die Kaulquappen zwar ziemlich sicher vor Feinden, würden aber verhungern, wenn ihnen nicht regelmäßig unbefruchtete Eier zugetragen würden. Sie leben also von »ungeborenen Geschwistern«. Was kann noch deutlicher vor Augen führen, wie schwierig das Leben in diesen »paradiesischen Wäldern« tatsächlich ist?

nur eben miniaturisiert, ihr Prachtgefieder von – in nicht wenigen Fällen – kaum glaublicher Schönheit. Betrachten wir dieses, wie auch die Prächtigkeit der Paradiesvogel-Männchen, ganz nüchtern-sachlich und fragen uns, wie es zustande kommt, erhalten wir eine gut nachvollziehbare Erklärung: Das Prachtgefieder entspricht im Inhalt und im Aufwand seiner Entstehung dem, was die Weibchen an Energie in die Bildung von Eiern und in Brüten und Jungenaufzucht investieren. Denn Federn sind Gebilde, die aus Eiweiß, aus Proteinen, bestehen. Während die Weibchen Proteine in ihrem Körper für die Eibildung einsetzen, geht derselbe Aufwand bei den Männchen ins Prachtgefieder. Das geht – und muss vielleicht sogar so gehen, weil sich Männchen und Weibchen in ihrem Stoffwechsel nicht grundsätzlich unterscheiden. Zugleich eröffnet sich auf diese Weise aber für die Männchen die Möglichkeit der Bildung von Prachtgefieder, an dem die Weibchen Gesundheit und Fitness ablesen. Oder die Männchen investieren in Balztänze und anhaltende Gesänge, die gleichfalls Energie kosten und dem entsprechen, was die Weibchen an Energie für die Jungenaufzucht benötigen. Möglich ist diese Sonderung dann, wenn die Weibchen allein in der Lage sind, das Brutgeschäft durchzuführen. Und wenn sie, wie in den Tropen, keiner so eng eingegrenzten Brutzeit folgen müssen wie die Vögel der Wälder außertropischer Regionen. Damit verraten »tropische Besonderheiten« viel über die allgemeinen Gegebenheiten in der Tropennatur. Kolibris und Paradiesvögel zeigen, wie zerbrechlich diese ist.

Mit Intensivierung der Kooperation gelang es den nahen Verwandten der Paradiesvögel, den Krähenvögeln, gleichsam die Welt zu erobern. Sie setzten in ihrer Evolution nicht auf Trennung der Aufgaben der Geschlechter und Steigerung der Schönheit, sondern auf enge, einander unterstützende Paarbildung. Im schlichten, zumeist oder überwiegend schwarzen Krähenkleid und mit besonderer Intelligenz breiteten sie sich über alle Kontinente aus, die Eiswüste der Antarktis ausgenommen, und wurden zur global erfolgreichsten Vogelgruppe.

Die tropischen Regenwälder im Vergleich

Der größte tropische Regenwald erstreckt sich über Amazonien. Er reicht bis Mittelamerika und ins nordwestliche Südamerika an der Pazifikküste Kolumbiens. Der zweitgrößte liegt einen Ozean weit entfernt im Kongobecken, zieht sich nördlich davon bis an die westafrikanische Küste in Kamerun und im Osten an die Virungaberge am Rand des ostafrikanischen Hochlandes. Beide Regionen kennzeichnet, dass die Regenwaldflächen bis in die jüngere Vergangenheit jeweils weitgehend geschlossen ausgebildet waren oder dies teilweise immer noch sind. Ein Jaguar könnte von Belize auf der Halbinsel Yukatan zum Amazonas wandern, ohne den neotropischen Regenwald nennenswert verlassen zu müssen. Ebenso wäre es einem Leoparden in Afrika möglich, von den Virunga-Wäldern im Osten bis zum Kamerunberg im Westen zu schweifen.

Die Tiger von Sumatra können dagegen schon seit Jahrtausenden nicht mehr nach Südostasien oder auf benachbarte Inseln Indonesiens. Doch obwohl diese dementsprechend auch für Menschen nicht einfach zu Fuß zu erreichen waren, wurden sie frühzeitig besiedelt, und manche Inseln sogar sehr dicht (Java, Bali). Weder Regionen im Kongo-Gebiet noch in Amazonien wiesen jemals eine auch nur annähernd vergleichbar hohe Siedlungsdichte von Menschen auf. Es muss also erhebliche Unterschiede in der Eignung dieser drei großen Regenwaldgebiete für Menschen geben. Denn im Durchschnitt lag und liegt die Siedlungsdichte der Menschen im afrikanischen Regenwald um etwa das Zehnfache höher als in Amazonien, und in manchen Teilen Südostasiens sogar um das Hundertfache oder mehr.

So hatte Java den Angaben für das Jahr 2012 zufolge allein 141 Millionen Menschen. Diese leben auf knapp 130 000 Quadratkilometern Inselfläche. Der brasilianische Staat Amazonas wies zur selben Zeit 3,8 Millionen Menschen auf, aber auf mehr als 1,5 Millionen Quadratkilometern. Ausgedrückt als Siedlungsdichte ergeben sich für Java fast 1100 Menschen pro Quadratkilometer, für den Staat Amazonas aber nur 2,5, also knapp ein Fünfhundertstel. Afrika liegt dazwischen, zumeist näher an den amazonischen Verhältnissen. So hat die Republik Kongo eine Fläche von 342 000 Quadratkilometern und fünf Millionen Einwohner, also etwa 15 Menschen pro Quadratkilometer. Costa Rica, das allerdings natürlicherweise nicht auf ganzer Fläche von tropischem Regenwald bedeckt ist, erreicht mit fast 100 Menschen pro Quadratkilometer eine weit höhere Siedlungsdichte als Amazonien, bleibt aber dennoch um den Faktor zehn unter Java. Derart große Unterschiede weichen viel zu weit voneinander ab, um sie als mehr oder minder zufällige, historisch bedingte Schwankungen in der Häufigkeit der Menschen abtun zu können.

Die Erklärung liefert die Natur. Die dicht besiedelten Gebiete Indonesiens weisen vulkanische Böden auf. Von Sumatra im Westen bis Neuguinea im Osten folgt in Indonesien Vulkan auf Vulkan. Die gewaltigsten Ausbrüche der jüngeren Vergangenheit fanden dort statt. 1815 verursachte der Tambora auf der indonesischen Insel Sumbawa mit seinen Aschemengen, die er in die Atmosphäre blies, das »Jahr ohne Sommer« auf der Nordhalbkugel. 1883 lieferte der Krakatau den nächsten starken Ausbruch. Aber sie sind nur die bekanntesten der indonesischen Vulkane. Alljährlich speien andere Lava und Asche. Und erzeugen damit fruchtbare Böden, die über Jahrhunderte bis Jahrtausende Nutzung mit intensiver Landwirtschaft ermöglichen. Borneo, das nur im Nordosten mit dem Kinabalu einen großen Berg trägt, blieb im Vergleich zu Java oder Bali und größeren Teilen Sumatras fast menschenleer. Selbstverständlich führen die tropischen Niederschlagsmengen auch auf Java und Bali und in anderen landwirtschaftlich genutzten Regionen Indonesiens zu Auswaschungen der Mineralstoffe. Aber der Untergrund der Böden aus vulkanischem Material liefert nach, wie von Zeit zu Zeit auch die Vulkane neue Mineralstoffe mit ihren Aschen spenden.

In Amazonien fehlen Vulkane vollständig. Südamerika trägt die Kette der Vulkanberge auf der Westseite der Anden. Amazonien bekommt von den Mineralstoffen, die diese freisetzen, nichts ab. Auf der mittelamerikanischen Landbrücke ist das anders. Dort sitzen die Vulkane gleichsam mitten in den Regenwäldern als deren Rückgrat. Deshalb ähneln die kleinen Länder Mittelamerikas in Bezug auf die landwirtschaftlichen Verhältnisse weit mehr Indonesien als Amazonien.

In Afrika schließlich herrschen wieder andere Gegebenheiten. Im Osten des großen Regenwaldbeckens liegen die Virungavulkane. Der Kamerunberg ganz im Westen ist ein alter Vulkan in isolierter Position. Große Teile des Kongo-Regenwaldes sind flach und ähneln Amazonien, wie das Stromsystem des Kongoflusses dem des Amazonas geographisch-ökologisch entspricht. Damit sollten die Regenwälder im Osten fruchtbar sein, die Uferzonen des Kongo und seiner Hauptzuflüsse mäßig fruchtbar und vor allem die großen Sumpfwälder unfruchtbar. Tatsächlich verhält es sich so; aber nicht ganz. Die grundsätzlichen Übereinstimmungen mit Amazonien sind zwar gegeben, aber der Kongo-Regenwald liegt näher, viel näher an jener Quelle der Nährstoffe, die den Amazonasregenwald von weit her aus der Luft düngt, der Sahara. Vor allem die Harmattan genannten Winde aus der Sahara und der Sahelzone tragen Mineralstoffe in die mittleren und westlichen Teile des Kongo-Regenwaldes. In die östlichen gelangt weniger davon, weil dort die äquatorialen Windsysteme wirken und anhaltend aufsteigende Luftmassen einen riesigen Tiefdrucktrog erzeugen. Daher liefern die ostafrikanischen Vulkane auch weniger fruchtbare Asche in die westlich davon gelegenen Tieflandregenwälder.

Das ökologisch entsprechende Stück zu Java sitzt in Zentralafrika zwischen den großen Bergketten mit den Ländern Ruanda und Burundi. Zusammen nehmen sie eine Fläche von nur 54 200 Quadratkilometern ein. Aber auf dieser leben 23,5 Millionen Menschen, also 435 pro Quadratkilometer. Das ist halb so viel wie auf Java, aber das Dreißigfache der Siedlungsdichte der Republik Kongo. Entsprechend hoch ist der Erschließungsgrad der Wälder. Sie sind bis auf Reste an steilen Hängen und auf Bergspitzen gerodet und durch Kulturland ersetzt. An dieser Stelle ist es angebracht, darauf hinzuweisen, dass diese Regenwald-Kultivierung der Versorgung der Bevölkerung dient, wie auch auf Java und Bali oder großenteils in Costa Rica, und nicht der Erzeugung von Exportgütern für den Weltmarkt; ein Thema, das in Teil II des Buchs einen Schwerpunkt bilden wird.

Die Befunde zur Siedlungsdichte der Menschen in den verschiedenen Regenwaldregionen entsprechen dem Vorkommen und der Häufigkeit von Tieren. Wie schon erwähnt, leben oder lebten bis vor Kurzem in den südostasiatischen Regenwäldern Elefanten, Nashörner, große Rinderarten, Büffel sowie Tiger, Leoparden und Bären. Waldelefanten der afrikanischen Art gibt es im Kongo-Regenwald, wo auch Waldbüffel, Waldgiraffen und diverse Antilopen sowie große Wildschweinarten vorkommen. Doch insgesamt sind Durchschnittsgröße und Häufigkeit der großen Säugetiere im afrikanischen Regenwald geringer als im südostasiatischen. Ganz stark fällt aber der amazonische Regenwald gegenüber beiden ab.

Die grundlegenden Unterschiede in der Natur der drei großen Tropenwaldregionen drücken sich in allen Bereichen des Lebendigen aus. So sind die an Baumarten reichsten Gebiete in Zentralamazonien und auf Borneo zu finden, wo die Böden besonders unergiebig sind. Auf den fruchtbareren hingegen wachsen einheitlichere Baumbestände aus wenigen Arten. In Südostasien bestimmen vielfach Flügelfruchtgewächse (Dipterocarpaceen) die Baumbestände. Manche werden riesengroß, was auch ein Zeichen für verhältnismäßig gute Wachstumsbedingungen und hinreichend tiefgründige Böden für sichere Verwurzelung ist. Es gibt dort viele Lianen, aber wenige Bäume mit Dornen oder Stacheln. Affen, die sich von Liane zu Liane und von Baumkrone zu Baumkrone schwingen, kennzeichnen das Primatenleben in diesen Regenwäldern. Die Untergruppe der Menschenaffen, die Gibbons, entwickelte sich dort zu besonders guten Schwinghanglern, die mitunter fast durch die Baumkronen zu fliegen scheinen. Brüll- und Klammeraffen oder Kapuzineraffen, die südamerikanischen Gegenstücke, wirken ihnen gegenüber bedächtig und vorsichtig, keinesfalls ungestüm und wagemutig. Es gibt zu viele Stacheln oder Dornen im Geäst, in dem sie sich bewegen. Ihre Spezialität stellt die »Fünfte Hand« dar; ein Greifschwanz, den sie wie eine Hand zum Festhalten benutzen können. Mit diesem und den Hinterbeinen sichern sie sich eine feste Verankerung im Geäst, wenn sie mit den Händen eine reife Frucht oder, noch wichtiger, ein entdecktes Insekt zu fassen versuchen. Weil dieses blitzschnell wegspringen oder fortfliegen könnte. Insekten brauchen die meisten der südamerikanischen Affenarten als Zukost, um ihren Proteinbedarf zu decken. Auf Sumatra und Borneo kommen die großen Orang-Utans weitestgehend mit Pflanzenkost zurecht, weil diese ergiebig genug für sie ist. Mit 50 bis 100 Kilogramm Körpergewicht werden Orang-Utans zehnmal so schwer wie die sich gleichfalls pflanzlich ernährenden Brüllaffen Südamerikas.

Die Welt der Säugetiere spiegelt daher in ihrer Vielfalt die Herausforderungen wider, denen sich Menschen ausgesetzt sehen, die in den tropischen Regenwäldern zu leben versuchen. Doch nicht allein hinsichtlich der Ernährung, sondern auch bezüglich der Krankheiten. Wo menschenähnliche Säugetiere und die uns zwar etwas ferner stehenden Fledermäuse und Flughunde häufig vorkommen, besteht stets auch die Gefahr, dass Krankheitserreger von ihnen auf die Menschen gelangen und schwere Erkrankungen verursachen. In unserer Zeit geschah dies mit HIV, den Ebola- und den SARS-Viren. Andere Erkrankungen ziehen sich Menschen im Regenwald zu, seit sie mit dem Leben in den Wäldern angefangen haben. Dazu gehören Würmer, Blutparasiten und Pilzerkrankungen, insbesondere solche der Haut und Schleimhäute. Nur wo Tiere, speziell Säugetiere, extrem rar sind, sind auch keine derartigen Tropenkrankheiten zu befürchten. Aber an solchen Orten kann man sich auch nur kurz aufhalten. Sie bieten zu wenig zum Leben. Die Problematik von Krankheiten aus dem Regenwald wird in einem speziellen Kapitel noch etwas näher behandelt.

Wie sich tropische Regenwälder regenerieren – oder eben nicht

Kein Wald existiert »auf ewig«, aber Wälder empfinden wir als besonders stabil, zumindest solche, die natürlich aufwachsen. Gegenwärtig stellt bekanntlich der Klimawandel die Waldbesitzer vor die große Aufgabe, die Forste rechtzeitig so umzubauen, dass sie mit wärmerem, trockenerem, an Stürmen und an Massenvermehrungen von Insekten reicherem Klima zurechtkommen. Der »Urwald« gilt als Vorbild, was Widerstandsfähigkeit (Resilienz) und Dauerhaftigkeit (Stabilität) betrifft. Verhält es sich aber tatsächlich so? Diese kritische Frage ergibt sich zwangsläufig aus den verschiedenen Ausführungen zur nacheiszeitlichen Entstehung und Ausbreitung der außertropischen wie der tropischen Wälder. Sie sind meistens gar nicht so alt, wie man sich das vorstellt. Lediglich an einigen Stellen der inneren Tropen dürften gegenwärtig noch Regenwälder vorhanden sein, die es, wenngleich in anderer Zusammensetzung des Artenspektrums, bereits vor Beginn des Eiszeitalters gegeben hat. Für unsere Zeitbegriffe sind sie uralt. Sind sie auch am stabilsten? Das wissen wir nicht, weil es in jenen Gegenden, in denen sie zu finden sind, besonders viel regnet. Das machte diese Wälder nicht gerade attraktiv für Umwandlung in für Menschen Erträge liefernde Nutzungsformen. Aus ganz ähnlichen Gründen blieben bis in unsere Zeit auch außertropische Regenwälder, zum Beispiel nahe der nordamerikanischen Westküste und im tiefen Süden Chiles, erhalten.

Aber was meinen wir mit »Stabilität« bzw. was erwarten wir davon? Stabil ist ein Lebensraum, der sich vor unseren Augen so gut wie nicht erkennbar verändert, sondern so bleibt, wie er ist. Das versteht man zwar auf Anhieb, es enthält aber eine unter Umständen ganz bedeutsame Täuschung. Denn »vor unseren Augen« heißt, die Dauerhaftigkeit wird auf unsere Lebensspanne bezogen. Setzen wir sie der Einfachheit halber mit fünfundsiebzig Jahren an, dann erlebt ein Mensch nur rund ein Fünftel oder noch weniger der natürlichen Lebensspanne der meisten Baumarten unserer Wälder. Von einer Eiche gar nur rund ein Zehntel. Umgekehrt würde das aneinandergereihte Leben von mehr als fünf Hunden in unseres passen, oder hundert Generationen von Mäusen und verschiedensten Insekten, auch von zahlreichen Blütenpflanzen.

Kurz: Wir beurteilen nach Menschenzeit, nicht nach der Eigenzeit der verschiedenen Lebewesen. Elefanten werden etwa so alt wie Menschen. Wir pflegen solche als Methusalems zu bezeichnen, die unser Seniorenalter erreicht haben. Ein Wald dieses Alters ist hingegen noch jung oder gerade dabei, ein hiebreifes Alter zu erreichen, so es sich beispielsweise um einen Fichtenbestand im Tiefland Mitteleuropas handelt. Fügen wir ein noch extremeres Beispiel an. Unsere Seen sind (sehr) jung. Sie entstanden mit dem Ende der letzten Eiszeit, also gleichzeitig mit der Einwanderung und Ausbreitung von Menschen in die vorher von Eismassen und Kältesteppe geprägte Landschaft. Flüsse wie die Donau oder der Rhein sind hingegen uralt; mehrhundertfach älter als die Seen. Der Amazonas floss viele Jahrmillionen lang, wie schon angemerkt, aus dem heutigen Afrika westwärts und mündete in den Pazifik.

Das Alter von Wäldern sollten wir also auf die durchschnittlichen natürlichen Lebensspannen der Bäume beziehen, die diese Wälder bilden. Das wäre ihre Eigenzeit. Ein Auwald an unseren europäischen Flüssen kann dann in seiner von der Flussdynamik geprägten Stabilität durchaus tropischen Regenwäldern in Flussniederungen entsprechen. »Ur-Wald« sollten wir daher nicht mit »uralt« gleichsetzen. Die große Zahl unterschiedlicher Baumarten, die auf Borneo oder in Amazonien vielerorts festgestellt wurde, lässt sich auch so verstehen, dass die nacheiszeitlichen Änderungsprozesse noch in Gang sind und keinen Abschluss gefunden haben. Die andere Möglichkeit, es handle sich um den Endzustand der Waldentwicklung, Klimax-Gesellschaft genannt, stützt die Tatsache, dass in den tropischen Regenwäldern das Wachstum von keinen jahreszeitlichen Beschränkungen unterdrückt wird, wie in außertropischen Regionen durch den Winter oder in wechselfeuchten Tropen und Subtropen durch die mehr oder minder langen Trockenzeiten.

Es ist also gar nicht so leicht, die Frage der Stabilität zu beantworten. Die Tatsache, dass die meisten Regenwaldbäume langsam wachsen und hartes bis sehr hartes Holz erzeugen (das bei manchen Arten nicht einmal mehr schwimmt, sondern untergeht!), rechtfertigt zumindest die Einstufung als »dauerhaft«; als mindestens so dauerhaft wie ein naturgewachsener Eichenwald. Aber dauerhaft »wogegen«? Was könnte Wälder gefährden, vom Menschen abgesehen? Die beiden bei Weitem bedeutendsten Umweltfaktoren wurden bereits behandelt, die Niederschlagsverhältnisse und das Feuer. Auf diese beiden Naturfaktoren bezogen, sind die tropischen Regenwälder tatsächlich sehr stabil. Sie erhalten sich ihr Regenklima selbst, wie am Beispiel Amazoniens ausgeführt wurde. Durch Wasserverdunstung erzeugen sie einen eigenen Kreislauf, der in der Jahresbilanz ein Vielfaches an Niederschlag ergibt, als vom Meer her gekommen ist. Allerdings vorausgesetzt, die Regenwaldflächen sind groß genug für das Zustandekommen dieses Eigenklimas. Die großen Niederschlagsmengen von mehreren Tausend Millimetern pro Jahr schützen auch vor dem Feuer. Wie betont, entziehen sich die tropischen (und auch die außertropischen) Regenwälder den Waldbränden, die ansonsten zur Natur der Wälder gehören und deren Lebenszyklen beeinflussen. In diesem Doppelsinne können die Regenwälder als (sehr) stabil gelten. Nur langfristige und weit über die Fluktuationen der Niederschläge von Jahr zu Jahr oder Jahrzehnt zu Jahrzehnt hinausgehende Veränderungen in den Regenmengen würden sie natürlicherweise verändern. Wie geschehen im Wechsel der Warm- und Kaltzeiten im Eiszeitalter. Das sind nun auch aus der Menschensicht lange Zeiträume von Dauerhaftigkeit.

Die zweite, mit der Stabilität jedoch eng verknüpfte Frage betrifft die Resilienz, die Widerstandsfähigkeit gegen kurz und lokal wirkende Veränderungen. Dazu gehören beispielsweise Stürme, Überschwemmungen oder die von Menschen verursachten Nutzungen und Rodungen unterschiedlicher Flächengröße. Wegen ihres oft sehr oberflächennah ausgebreiteten und wenig in die Tiefe reichenden Wurzelwerks sind gerade die hoch gewordenen Regenwaldbäume sturmanfällig. Ein normaler Gewittersturm kann sie entwurzeln und umwerfen. Da es in großflächigen Regenwäldern nahezu täglich heftige Gewitter gibt, gehört Sturmwurf darin zum gewöhnlichen Geschehen. Und zur Selbsterneuerung dieser Wälder. Wie auch die zumeist lang anhaltenden Überschwemmungen entlang der Flüsse. Steigen diese in der Hauptregenzeit um zehn oder zwanzig Meter, überfluten sie riesige Waldflächen an ihren Ufern. Die Bäume stehen mitunter wochenlang bis zu den Kronen im Wasser. Was unten oft zu viel ist, wird oben, im der Sonne und dem Wind exponierten Blattwerk umgekehrt zum Problem durch Hitze. Bei im Jahreslauf Tag für Tag beständig hoch stehender Sonne schwankt die Strahlungsintensität wenig. Sie erzwingt Blatttypen, die denen von Pflanzen in Hitze- und Trockengebieten ähneln, von lederartiger Dicke und mit sehr fester, von Wachsschichten geschützter Oberfläche. Zwischen Kronen und Wurzelbereich herrschen also höchst unterschiedliche Bedingungen, die durchaus dem Spektrum zwischen subtropischen Halbwüsten und amphibischer Lebensweise entsprechen. Am verhältnismäßig ähnlichsten kommen ihnen, wenngleich in stark abgemilderter Weise, die schmalblättrigen Weidenbäume an unseren Flüssen. Auch sie vertragen wochenlange Überschwemmungen und anhaltende Sommerhitze.

Auf diese Umweltgegebenheiten bezogen sind die Regenwälder der Tropen zweifellos als sehr widerstandsfähig einzustufen. Ihre Resilienz erzeugten die langen Zeiten der Wechselwirkungen zwischen den Wäldern und ihrer unbelebten Natur. Auch gegenüber Einflüssen, die von Tieren oder Pilzen ausgehen, sind sie widerstandsfähig. Hartholz kann von Pilzen, Termiten oder Käferlarven weit weniger leicht angegriffen und zersetzt werden als weiche Hölzer. Die so vielfältigen, zumeist giftig wirkenden Inhaltsstoffe der Blätter in jungen Trieben und in der

Rinde schützen vor Massenbefall mit unspezialisierten Insekten, denen unsere Wälder ausgesetzt sind, wie die gegenwärtige Kalamität mit dem Schwammspinner in vielen Wäldern Mitteleuropas zeigt. Wo von Natur aus die allermeisten Tierarten selten sind, kommen Massenvermehrungen nicht vor, so die Regel. Daraus wurde gefolgert, durchaus zu Recht, aber nicht ganz allgemein gültig, dass eine hohe Biodiversität die Stabilität fördert, ihre Verminderung die Wälder aber anfällig und instabil macht. Im Fall der feuchten Tropen sind weniger diejenigen Wälder instabil, die als Ersatz für den ursprünglichen tropischen Regenwald aufwachsen, sondern die forstlichen und landwirtschaftlichen Folgekulturen. Sie erweisen sich in aller Regel als höchst gefährdet durch ungünstige Wetterentwicklungen, Vermehrung von Insekten und anderen Tieren sowie durch Befall mit Krankheitserregern. Mit diesen allgemein gehaltenen Betrachtungen zu Stabilität und Resilienz gelangen wir nun vollends in den Bereich der menschlichen Nutzung tropischer Regenwälder und zu den Folgen, die Waldrodung und Ersatz des Urwaldes durch landwirtschaftliche Kulturen zeitigen. Folgen, welche globale Besorgnis erregen.

Wälder und ihre Rodung

Die Rodung tropischer Wälder geschieht, um sie land- und forstwirtschaftlich nutzbar zu machen. Das ist kein grundlegend neuer Vorgang, wie die nachfolgenden Ausführungen zeigen sollen. Und dennoch ist deren Urbarmachung nicht einfach mit der Erschließung der außertropischen Wälder gleichzusetzen. Warum, das ergibt sich aus den Folge-

MATO GROSSO
1960 · 2020
10°
0°
Äquator
10°
20°
30°
40°
50°
60°
Pteronura brasiliensis
Der ausgedehnteste tropische Regenwald erstreckt sich über Amazonien – noch! Wald und Wasser durchdringen einander. Die Fluten des Amazonas, des bei weitem wasserreichsten Flusses der Erde, schützen und nähren den Wald in den Niederungen durch lange anhaltende Überflutungen.
2020

Aber von Südosten und Süden, sowie im Nord- und Südwesten dringen Rodungen in den noch vor einem halben Jahrhundert geschlossenen Regenwald vor. Insbesonders Brasilien schafft damit neue Anbauflächen für Soja zum Export als Futter für Stallvieh nach Europa und weitere, wenig ergiebige Weiden für Rinder. In Brasilien leben gegenwärtig etwa so viele Rinder wie Menschen. Illegale Rodungen von landlosen Kleinbauern eröffnen den Agro-Industrien den Zugriff auf die Regenwälder. Goldsucher vergiften die Flüsse mit Quecksilber und gefährden damit auch den streng geschützten Riesenotter und viele weitere seltene Tiere.

a) Waldvernichtung Amazoniens – Mato Grosso

nutzungen als Ackerland oder über die Umwandlung zu gepflanzten Wäldern, zu Forsten. Sehen wir uns daher zur besseren Einordnung zunächst an, was mit anderen großen Waldgebieten geschehen ist.

Als europäische Siedler vor vierhundert Jahren im Osten Nordamerikas eintrafen, erstreckte sich ein riesiges Waldgebiet vom Atlantik bis zum Grasmeer der Prärien inmitten des Kontinents. Die Wälder reichten bis zum Mississippi und darüber hinaus. Sie bedeckten fast die Hälfte der Fläche der heutigen USA (ohne Alaska). Wälder, so weit das Auge reichte, Wälder mit Eichen verschiedenster Arten, Kastanien, Wildapfelarten und vielen anderen Früchte oder wertvolles Holz liefernden Baumarten. Es war das bei Weitem größte außertropische Laubwaldgebiet der Erde. Der Fläche nach entsprach es ganz Europa westlich von Russland. Doch in nur dreihundert Jahren, von 1620 bis 1920, ist dieser Wald bis auf wenige Restflächen verschwunden. Übrig geblieben sind nicht einmal fünf Prozent, und diese überlebten, weil sie auf ungünstigem Terrain wuchsen; ungünstig für die landwirtschaftliche Nutzung. Dies war die größte Waldvernichtung von Menschenhand. Von Europäern, muss präzisierend hinzugefügt werden. Denn diese nordamerikanischen Wälder waren nicht menschenleer. Darin und auf den Prärien lebten die jetzt »First People« genannten »Indianer«. Ihr Verhältnis zum Wald, zur Natur, war ein ganz anderes als das der Europäer. Die vielfach zitierte Rede des Häuptlings Seattle, die er 1854 angeblich bei einer Anhörung vor dem Gouverneur des Territoriums Washington gehalten hat, ist zwar wahrscheinlich nicht authentisch, aber dem Sinn nach wohl richtig: »Wir erfreuen uns an den Wäldern … unsere Art ist anders als die Eure …«

Doch damals war der größte Teil der Entwaldung in Nordamerika bereits vorüber. Die »Front« hatte den Westen, den Küstenbereich am Pazifik erreicht. In den Prärien waren die Büffel fast völlig ausgerottet. Ihr Fehlen vernichtete die Lebensgrundlage der in der Prärie lebenden First People. Nur wenige Jahrzehnte dauerte es, dann fegten in den 1930er Jahren Staubstürme über weite Teile der USA. Sie lösten die größte Wirtschaftskrise, die »Great Depression« aus. »Dust Bowl«, Staubschüssel, war die ausgedörrte Region der »Great Plains« genannt worden. Den schnellen Gewinnen weniger waren die Zusammenbrüche von Millionen menschlicher Existenzen gefolgt. Das »Go West« der Amerikaner hatte ausgebeutete, degradierte Flächen hinterlassen, die sich nur sehr langsam wieder erholten. Wie alles in Amerika, dem damals gelobten Land der unbegrenzten Möglichkeiten, »big« zu sein hatte, so waren auch Waldvernichtung und »Dust Bowl« wirklich »big«; katastrophal groß. Aber nicht einzigartig. Es gab Ähnliches viel früher schon bei uns.

Vor rund zwölftausend Jahren ging die letzte Eiszeit zu Ende. Die riesigen Gletscher schmolzen ab. Sie gaben im Verlauf weniger Jahrhunderte das Land frei, das sie in Hunderten Metern Eismächtigkeit bedeckt hatten. Auf Norddeutschland bezogen, hieß diese Kaltzeit, die ihren Höhepunkt vor etwa achtzehntausend Jahren erreicht hatte, das Weichsel-Glazial, im alpinen Raum wird sie nach dem kleinen Fluss, der in den Starnberger See fließt, Würm-Glazial genannt. Und in Nordamerika trägt sie die Bezeichnung Wisconsin Glacial. Die Vereisung war die (vorerst) letzte von vier großen und zahlreichen kleineren, kürzeren Eiszeiten im gesamten Eiszeitalter, dem Pleistozän.

Dieses begann vor gut zweieinhalb Millionen Jahren, als sich die Landbrücke zwischen Nord- und Südamerika durch Vulkanismus und

Verschiebung kleiner Kontinentalbruchstücke geschlossen und damit die großen tropischen Meeresströmungen grundlegend umgeleitet hatte. Damals entstand der Golfstrom, die »Warmwasserheizung« Europas. Er kam zustande, weil durch die Schließung des Durchlasses zwischen Nord- und Südamerika, dem heutigen Panama, das warme Oberflächenwasser aus dem Tropenbereich des Atlantiks nicht mehr in den Pazifik hinüberströmen konnte. Es wurde im Golf von Mexiko gleichsam gefangen und an Florida vorbei in den Nordatlantik hinausgedrückt. Die Drehung der Erde und der Verlauf der Kontinentalsockel bewirken seither, dass ein großer Teil dieses warmen Wassers nach Nordosten in Richtung Westeuropa und bis über das Nordkap hinaus in den Arktischen Ozean strömt. Mit dieser Meeresströmung und ihrem Gegenstück im Pazifik bekommen wir es erneut zu tun, wenn wir die Geschichte der tropischen Regenwälder in unsere Betrachtung mit einbeziehen. Dies ist wichtig, weil wir nur aus den erdgeschichtlichen Entwicklungen heraus die gegenwärtigen Verhältnisse und ihre Besonderheiten verstehen können. Global, nicht nur auf die Tropen allein bezogen.

Damit zurück zum Ende der letzten Eiszeit und zu dem, was danach, ausgehend vom Nahen Osten und der Sahara, in Europa geschah. Nehmen wir das Ergebnis vorweg, bevor wir es genauer betrachten: Die Landwirtschaft wurde vor rund zehntausend Jahren im Nahen Osten entwickelt. Von dort breitete sich diese neuartige Form der Nutzung der Natur vor etwa dreieinhalbtausend Jahren nordwestwärts nach Europa aus. Rasch, d. h. in nur wenigen Jahrhunderten, erreichte sie Westeuropa bis zu den Inseln am Rande dieses zerklüfteten Westteiles von Eurasien. Ostwärts gelangte der Ackerbau in das Industal und nach China, wo er schnell zur bestimmenden Lebensform wurde. Die vorher dort existierenden Jäger-&-Sammler-Kulturen wurden nordwärts in die Steppe und südwärts in die Tropenwälder abgedrängt; in Europa nordostwärts in die kalten, für den Ackerbau zu kalten Waldgebiete der Taiga, dem nordischen Nadelwald.

Doch in den Jahrtausenden nach Ende der letzten Eiszeit war der Wald wieder vorgedrungen und hatte große Teile Europas bedeckt; Wald, der seiner Natur nach den Laubwäldern Nordamerikas entsprach, aber beträchtlich ärmer an Baumarten geworden war als der Wald jenseits des Nordatlantiks. Denn die Vorstöße der Eiszeiten hatten die Wälder in Europa auf kleine Restbereiche in klimatisch begünstigten Lagen zurückgedrängt. Die bedeutendsten befanden sich auf der Iberischen Halbinsel, auf Landstrichen und Inseln im zentralen und östlichen Raum des Mittelmeeres und in der Kaukasusregion an der Grenze zu Vorderasien. Die Alpen hatten mit dem sie weitgehend einhüllenden Eispanzer eine große Barriere für die Südwanderung der Bäume und vieler anderer Pflanzen gebildet. Sie lagen quer zum Druck der klimatischen Veränderung.

Ganz anders waren die Verhältnisse in Nordamerika. Dort verlaufen die großen Gebirgszüge von Nord nach Süd. Es gibt keine Querriegel, die die Verschiebung der Klimazonen hätten verhindern können, wie die Pyrenäen und die Alpen in Europa und die weiter östlich anschließenden Gebirgszüge in Asien, deren gewaltigste von allen, das Hochland von Tibet und der Himalaja mit seinen Ausläufern, auch die massivste Barriere bilden. Einer der zahlreichen Effekte war, dass durch die Eiszeit sehr viel mehr Pflanzen- und Tierarten in Europa ausstarben als in Nordamerika und auch als in Ostasien, wo ähnlich günstige Verhältnisse geographischer Art wie in Nordamerika gegeben sind. Auch dies wird uns wieder beschäftigen, wenn wir die südostasiatischen Regenwälder betrachten.

Die Folge dieser Konstellation für Europa war, dass sich die Wiederbewaldung nach und nach und mit einer Aufeinanderfolge von vergleichsweise wenigen Hauptbaumarten vollzog. Den Anfang machten Birken und Haselsträucher und gegen Ende kam erst die Buche, die gegenwärtige Hauptbaumart unserer Wälder. So zumindest die gängige Ansicht. Sie stützt sich auf die Befunde der Pollenanalyse. In Hochmooren sind die gegen Verrottung sehr widerstandsfähigen Pflanzenpollen schichtweise gespeichert, sodass sich über ihre Abfolge und Häufigkeitsveränderungen nachvollziehen lässt, wie die Wiederbewaldung geschah – und wann in welchem Umfang die Waldrodung für Ackerbau einsetzte.

Der Hauptbefund ist eindeutig: Die Wiederausbreitung des Waldes war nacheiszeitlich noch gar nicht richtig vollzogen, da setzte bereits das Wirken der Menschen mit Waldrodungen für den Ackerbau ein. Was für ein Waldzustand ohne das Vordringen der Landwirtschaft zustande gekommen wäre, wissen wir daher nicht wirklich. Wir können es nur aus einigen »Urwaldresten« erschließen, die dafür gehalten werden. Aber es ist strittig unter den damit befassten Wissenschaftlern, welche Bedeutung dabei den Großtieren zukäme, die natürlicherweise vorhanden sein sollten, aber durch intensive Bejagung durch die Menschen in keiner halbwegs natürlichen Häufigkeit leben konnten.

Und dies umso weniger, als nahezu gleichzeitig mit der Rückkehr des Waldes domestizierte Wildtiere, Rinder, Ziegen und Schafe, mit ihrer Beweidung neuartige Verhältnisse schufen – geschützt vom Menschen. Denn die sogenannten großen Beutegreifer, die »Raubtiere« in der Ausdrucksweise der Jäger und Bauern, waren zum Schutz der Haustiere weitgehend bis gänzlich ausgerottet worden. Zum Beispiel die Löwen. Unter diesen Rahmenbedingungen vollzog sich die Ausbreitung des Ackerbaus und der Viehzucht in Europa und Südwestasien. Dafür mussten die Wälder weichen.

In den »historisch« genannten Zeiten, für die es schriftliche Aufzeichnungen gibt, kam es zu mehreren großen Wellen der Rodung. Die früheste ging von den fruchtbaren Flussniederungen aus und strahlte entlang dieses Netzwerkes von Flüssen und Zuflüssen in den Kontinent hinein, ließ aber die höher gelegenen Wälder auf felsigem und kargem Boden noch weitgehend unangetastet. Von klimatischen Veränderungen begünstigt oder gehemmt, ging die Ausweitung des Ackerbaus weiter und erreichte zur Römerzeit einen zweiten Höhepunkt. Landbevölkerungen, deren Arbeitskraft eingesetzt werden konnte, erzeugten im Imperium Romanum die von den Römern benötigten Überschüsse. Nordafrika war die Kornkammer des Reiches. Nördlich von Alpen und Donau zog der Limes die Grenze vom kultivierten Römerland zu den waldreichen Regionen der Barbaren. Diese Landreserve geriet ein Jahrtausend später, im Hochmittelalter, auch unter den Pflug.

Die großen Rodungen zu Beginn des zweiten Jahrtausends unserer Zeitrechnung dezimierten die Wälder Europas auf geringere Reste als gegenwärtig. Vorher, zur Zeit der Klassischen Antike und vor ihr in der Zeit der altägyptischen Reiche, waren bereits die küstennahen Wälder abgeholzt und die Baumstämme für den Schiffbau verwendet worden. Mit der Wiederbelebung des kontinentweiten Handels nach den Wirren der Völkerwanderungszeit griff der Bedarf an Bauholz für Schiffe immer weiter in die Wälder Europas hinein. In den Jahrhunderten der »Entdeckungen«, dem Beginn der Kolonialzeit der Europäer, schrumpften diese weiter mit Folgen, die bis heute sichtbar sind als Entwaldung Westeuropas. Je bedeutender die Schifffahrt wurde, desto weniger wurde auch der Wald, das gilt für die heutigen Staaten Europas, obwohl die Zeiten der hölzernen Schiffe längst vorüber sind. Diese spezielle Art der Nutzung der Wälder als Quelle von Bauholz für Schiffe ließ die Gebirge rund ums Mittelmeer verkarsten. Im europäischen Mittelalter förderte die Waldvernichtung mit der Urbarmachung der Moore die häufig wiederkehrenden Dürrejahre mit Hunger und Elend der Bevölkerung. Auf die Gesamtentwicklung bezogen dauerte die Vernichtung der Wälder Süd-, West- und Mitteleuropas rund vier Jahrtausende. Die Nordamerikaner europäischer Abkunft schafften eine ähnlich große Waldvernichtung in einem Zehntel dieser Zeitspanne.

Und nun trifft es, wiederum von Europäern ausgehend, die Tropenwälder. In den letzten vierzig Jahren, also in einem Prozent des Zeitaufwandes für die europäische Waldvernichtung, sind die tropischen Regenwälder auf die Hälfte dezimiert worden. Dass dabei auch Chinesen und Malaien beteiligt sind, ist zwar richtig, aber Folge des zerstörerischen Wirtschaftens der Europäer, das übernommen wurde, weil es zum globalisierten Wirtschaftssystem gehört.

Häufig argumentieren Repräsentanten der Länder, in denen gerade großflächig Regenwaldrodungen ablaufen, dass sie doch nichts anderes tun als das, was die Europäer schon vor Jahrtausenden gemacht und in Nordamerika in wenigen Jahrhunderten vollbracht hatten. Warum sollten Brasilien, der Kongo oder Indonesien nicht das gleiche Recht haben, die auf ihrem Staatsgebiet vorhandenen Wälder entsprechend zu nutzen und in weit ertragreicheres Acker- und Weideland umzuwandeln? In den Jahrhunderten der Kolonialzeit scherten sich die Europäer auch nicht um die Zukunft der natürlichen Ressourcen der von ihnen annektierten, ihren Kolonialreichen einverleibten Gebiete. Und ziehen nicht in erster Linie die US-Amerikaner und die Europäer den Nutzen aus der Bewahrung der genetischen Vielfalt, die in den Pflanzen, Tieren und Mikroben der Tropenwelt steckt? Das bedeutet doch alles nur eine andere, verdeckte Form von Kolonialismus.

So lauten zumindest die Entgegnungen, denen sich die internationalen Bemühungen um die Erhaltung der tropischen Regenwälder ausgesetzt sehen. Entmutigend gering sind die Erfolge im Regenwaldschutz. Nur ein einziges Land erfüllte die Anforderungen und Zielsetzungen aus dem »Erdgipfel von Rio« von 1992 zur Erhaltung der Biodiversität: Costa Rica. Der kleine Staat auf der mittelamerikanischen Landbrücke zwischen Panama und Nicaragua hat nur etwa zwei Drittel der Größe Bayerns. Mit Reichtümern ist es, abgesehen von seiner sehr reichhaltigen Tropennatur, nicht gerade gesegnet. Aber es nahm den Tropenwaldschutz ernst und leistete Vorbildhaftes. Vielleicht gelang dies nur, das darf wohl hinzugefügt werden, weil es auf ein eigenes Militär verzichtet und sich die exorbitanten Ausgaben hierfür erspart. Bei der Vernichtung der tropischen Regenwälder geht es, wie gezeigt werden wird, keineswegs nur um die notwendige Ernährung wachsender Bevölkerungen; am wenigsten ist dies in den Ländern mit den größten Regenwaldvernichtungen der Fall.

Beschließen wir dieses Kapitel mit dem Überblick, wozu die Waldvernichtung hauptsächlich diente. Für die erste große, Jahrtausende währende Phase in Europa ist die Antwort klar: Die Wälder wurden urbar gemacht zur Ernährung der stetig wachsenden Bevölkerung. Fremdnutzung und Export von Holz machten nur einen geringen Anteil aus. Bei der Vernichtung des Waldes in den USA stand die Ernährung nur noch geringfügig im Vordergrund. Es handelte sich um eine räuberische Landnahme auf Kosten der »indianischen« Bevölkerung, die diese Wälder nachhaltig genutzt, dabei durchaus auch beeinflusst und verändert, aber eben nicht vernichtet hatte. Die gegenwärtige Vernichtung der tropischen Wälder dient nur noch in sehr geringem Umfang zur Schaffung von Lebensmöglichkeiten für arme, hungernde Landbevölkerungen. Der weitaus größte Teil dessen, was genutzt und produziert wird, geht in den Export. Die Nutznießer von Tropenholz, Palmöl und Soja sind wir, die Europäer und Nordamerikaner, in zunehmendem Maße auch die reich gewordenen, nach Art der Europäer lebenden Ostasiaten. Daher geht uns die Tropenwaldvernichtung sehr wohl sehr viel an. Wir gehören zu den Verursachern, zu den Hauptverursachern sogar. Weil unser Stallvieh Tropenwälder auffrisst und wir Palmöl für eine nachhaltige Ressource halten.

Die Grundzüge der Waldnatur

Die kurz geschilderte Waldumwandlung in Acker- und Weideland macht den Eindruck, dass die tropischen Regenwälder eben als letzte der großen Wälder an die Reihe kommen, weil die wachsende Menschheit Nahrung braucht. Vom Wald direkt kann man nicht leben, so wichtig Holz als Brenn- und Baumaterial auch ist. Die Blätter der Bäume sind nicht essbar. Die Menschen ernähren sich von dem, was Felder und Weideland produzieren. Nur in Kleingruppen als Jäger und Sammler im steinzeitlichen Stil leben noch Reste indigener Kulturen in Tropenwäldern. Aber längst stehen sie als »Waldmenschen« in mehr oder weniger großer Abhängigkeit von benachbarten Ackerbauern oder Viehzüchtern. Schutzgebiete hat man für sie eingerichtet, fast wie für wilde Tiere, um ihnen das Überleben in ihrer traditionellen Art zu sichern. Eine Zeitlang wenigstens.

In der europäischen Romantik wurde die Vorstellung entwickelt, diese »edlen Wilden« würden im Einklang mit der Natur leben. Sie könnten (und sollten) Vorbild geben, wie wir mit der Natur umzugehen haben. Doch eine solche Idealisierung liegt fern der Wirklichkeit. Die Menschen, die sie vertreten, würden auf sich allein gestellt keine Woche im Urwald überleben. Nicht einmal in Urwäldern außertropischer Regionen, in denen beträchtlich günstigere Verhältnisse herrschen. Tarzan-Phantasien taugen zur Belustigung, für mehr jedoch nicht. Warum das so ist, wird klar, wenn wir uns die Lebensbedingungen in Wäldern zuerst ganz allgemein und dann speziell in tropischen Regenwäldern ansehen.

Versuchen wir hierzu die Wälder ganz ohne Bezug zu den besonderen Bedürfnissen der Menschen zu betrachten. Das fällt nicht leicht, auch nicht für Wissenschaftler, weil wir zwangsläufig von unserer Menschensicht geleitet werden. Von dieser sollten wir jedoch aus verschiedenen Gründen abzusehen versuchen. Wälder existieren schon viel länger als Menschen. Sie sind nicht »für uns gemacht«. In Wäldern gibt es von Natur aus weit weniger Essbares für Menschen als in Savannen und an Gewässern. Der Mensch ist als Zweibeiner ein Geher und Läufer, kein Kletterer. Die Baumkronen, in denen sich ein Großteil des Waldlebens abspielt, weil dort die Früchte reifen, sich Säugetiere wie die Affen tummeln und die Nächte sicherer verbracht werden können als am Boden, bleiben ihm weitgehend unzugänglich. Für das Leben in Wäldern braucht der Mensch spezielle Werkzeuge, wie Blasrohre und Giftpfeile, um Tiere auf Distanz töten zu können. Für die Jagd fehlt die Übersichtlichkeit des offenen Geländes, in dem die Vorteile des aufrechten Gangs und des zweibeinigen Laufens zur Wirkung kommen. Daher besiedelten Menschen sogar die winterkalten Eiszeitlandschaften weit früher als die Tropenwälder. In diesen erreichten sie nirgendwo hohe Bevölkerungsdichten. Offenbar lebte es sich nicht sonderlich gut in feuchter Dauerwärme der Tropen, in denen man nicht friert und nicht heizen muss.

Warum das so ist, verdeutlicht die Natur des Waldes. Die Grundgegebenheiten sind uns vertraut: Bäume sind es, die Wälder bilden. Bäume bestehen, stark vereinfacht ausgedrückt, aus Wurzeln und Kronen mit Blättern oder Nadeln. Der Stamm dazwischen hebt das Blattwerk in die Höhe und senkt mit kräftigen Fortsätzen das Wurzelwerk in den Boden. In diesem geht es um die Aufnahme von Wasser und Mineralstoffen, im Blattwerk aber um die Nutzung von Licht als Energiequelle für die Verwertung der Nährstoffe. Die Stämme sind die Stützen, die es dem Blattwerk ermöglichen, an das Licht zu kommen. Es ist nötig für den Grundvorgang des Pflanzenwachstums, die Photosynthese. Aus Wasser, Kohlendioxid und Mineralstoffen entstehen dabei Zucker und Zellulose sowie der Sauerstoff als Abfallprodukt.

Wir nennen das, was die Pflanzen über die Photosynthese aufbauen, Biomasse, weil diese Substanzen auf biologischem Weg gebildet werden. Doch da es auch tierische Biomasse gibt, die Masse der Tierkörper und die von uns Menschen, sollten wir trennen in pflanzliche Biomasse, die Phytomasse, und tierische, die Zoomasse. Das ist wichtig, um die Natur von Wäldern wie auch unsere eigene zu verstehen. Denn die pflanzliche Biomasse entsteht durch Aufbau von organischen Substanzen aus totem Material, aus Wasser, CO_2 und Mineralstoffen, die tierische und menschliche aber durch Umbau bereits vorhandener Biomasse, die wir aus guten Gründen in pflanzliche und tierische Nahrung trennen. Schließlich gibt es noch einen dritten Teil, die Zersetzung der organischen Stoffe. Dieser Abbau findet hauptsächlich im Boden statt.

Mit Blick auf den Wald ergibt sich etwas ebenso Interessantes wie auch Seltsames. Die Bäume nutzen (recyceln) das organische Material im Boden, und sie produzieren neues im Kronenbereich mit den Blättern oder Nadeln. Diese altern und fallen ab, wie auch irgendwann die Bäume selbst altern und zusammenbrechen. Pilze, Bakterien und andere Klein- und Kleinstlebewesen im Boden zersetzen das Produzierte. Zustande kommt ein endloser Kreislauf. Mit speziell radioaktiven Substanzen lässt er sich eindrucksvoll nachweisen. Aufbau und Abbau folgen aufeinander. Perfektes Recycling. Mit der Bildung der Stämme erheben die Bäume ihre Kronen nicht nur zum Licht, sondern sie gewinnen auch Zeit, Lebenszeit. Denn Bäume können bekanntlich sehr alt werden. Jahrhunderte, unter günstigen Umständen auch Jahrtausende. Sie dehnen damit den Kreislauf der Stoffe in die Zeit. Das schafft Beständigkeit. »Alt wie ein Baum möchte ich werden« ist wohl für die allermeisten Menschen Lebensziel.

Doch dieses Strecken der Zeit zur Lebenszeit bedeutet, dass Bäume und Wälder sich selbst genügen könnten. Es reicht, wenn sie von Zeit zu Zeit fruchten, also Samen bilden, aus denen neue Bäume entstehen. Diese ersetzen dann die alten, von Stürmen geworfenen oder von Pilzen zersetzten, und der Kreislauf geht weiter. Tatsächlich können sich Wälder gänzlich ohne Zutun von Menschen entwickeln und selbst erhalten. Der Wald braucht keine Menschen. Er braucht auch keine Tiere, außer solchen, die Samen verbreiten oder die Blüten der Bäume bestäuben. Dies ist für viele Bäume wichtig, weil im geschlossenen Wald zu wenig Wind weht, mit dessen Hilfe die Pollen an- und die Samen fortfliegen könnten. Zudem müssen diese möglichst groß und schwer sein, weil die Keimlinge Reserven zum Aufwachsen brauchen, bis sie selbst groß und stark genug geworden sind. Im Wald wird ihnen kein Keimbett bereitet. Auf die Rolle von Tieren muss noch gesondert eingegangen werden, weil sich daraus ergeben wird, warum ausgerechnet die tropischen Regenwälder so reich an verschiedenen Baumarten sind, wenn doch mit Wärme, Licht und Wasser die Lebensbedingungen so günstig sein sollten, dass sich die besten Arten und die mit ihnen als Bestäuber oder Früchteverbreiter verbundenen Tierarten rasch durchsetzen müssten.

Bleiben wir vorerst noch bei den Grundgegebenheiten, die für alle Wälder gelten. Tiere sind darin nur »Beiwerk«, und ihr Wirken macht häufig eher den Eindruck, zerstörerisch zu sein. Die Forstwirtschaft sieht das vielfach auch so. Wie in der Landwirtschaft wäre für sie ein Zustand der Forste ideal, in dem die Bäume ganz unbeeinträchtigt von Insekten und anderen Tieren aufwachsen (und Holz produzieren). Greifen wir auf die Bezeichnung Biomasse zurück, wird deutlich, warum man das in der Forstwirtschaft tatsächlich so sieht oder sehen möchte. Die tierische Bio-

Sie liegen einander gegenüber, der Regenwald Amazoniens und der des Kongos. Einst gehörten sie sogar zusammen. Da floss der Amazonas aus Afrika nach Westen, und Südamerika war noch nicht Südamerika, sondern Teil des großen Südkontinents Gondwanaland. Aber das ist lange her. Seither hat sich viel ereignet in den mehr als hundert Millionen Jahren der Trennung. In Afrika entstanden Großtiere ganz anderen Typs als im ohne Kontakt zu anderen Kontinenten westwärts driftenden Südamerika. Elefanten, Giraffen, schließlich auch große Primaten, aus deren Stammeslinie wir Menschen kommen.

Der Blick auf den Kongoregenwald führt uns vor Augen, warum Afrika unsere Urheimat ist. Seine Natur ermöglichte die Entstehung von großen Tierformen. Insbesondere solchen, die mit hoher Intensität des Stoffwechsels leben. Wie die Elefanten. Sie sind Säugetiere. Sie haben ein großes Gehirn. Das größte sogar unter allen lebenden Organismen. Gehirne benötigen viel Energie. Weit mehr, als ihrem Größenanteil am Körper zukäme. Also muss die Nahrung entsprechend ergiebig sein. Reich an Stoffen, die das Gehirn braucht, die aber in der Pflanzenkost rar sind. Dass Elefanten im Kongoregenwald leben können, drückt aus, dass dieser weitaus ergiebiger als der Amazonasregenwald ist. An Grundstoffen, wie energiereichen Phosphor- und Stickstoffverbindungen insbesondere. Sogar Kalzium gibt es so viel, dass die Waldelefanten Stoßzähne ausbilden können. Keine so großen wie die Steppenelefanten, aber immerhin. Sie entsprechen in ihrer Körpermasse auch ziemlich gut den süd- und südostasiatischen Elefanten, die einer anderen Gattung angehören. Diese sind näher verwandt mit den Mammuts, den Eiszeitelefanten, als mit den afrikanischen, denen sie äußerlich ähneln.

Die Geschichte, die Erdgeschichte, hinterlässt Spuren. Im Fall der Säugetiere besonders wichtige. Denn was für uns noch viel bedeutsamer als die Waldelefanten ist, drücken die beiden Schimpansen aus, die uns auf dem Bild anblicken: Savannenschimpanse *Pan troglodytes* und Bonobo-Schimpanse *Pan paniscus*. Sie sind unsere nächsten tierischen Verwandten. In nur etwas mehr als einem Prozent unterscheiden sie sich in ihrem Erbgut, dem Genom, von unserem. Menschen also beinahe, und nicht »bloß Affen«, Menschenaffen. Und noch eine Besonderheit charakterisiert sie. Obwohl einander äußerlich schon so ähnlich und genetisch noch viel näher, haben sie eine ganz andere Lebensweise. Was wir über ihr natürliches Verhalten wissen, füllt inzwischen viele Bücher. Die größten Unterschiede weist ihr Sozialverhalten auf. Die (Savannen-)Schimpansen leben in Gruppen mit ausgeprägter Dominanz der (kräftigen) Männer. Sie sind anderen Schimpansen gegenüber mitunter so aggressiv, dass sie geradezu Krieg gegeneinander führen. Das kann bis zur Vernichtung der gegnerischen Gruppe gehen. Bei den Bonobos läuft das Leben viel friedlicher ab. Es gibt keine ausgeprägten Rangunterschiede zwischen männlichen und weiblichen Bonobos. Konflikte werden mit Sex vermindert oder ganz beigelegt. Sie gehen auch häufiger zweibeinig aufrecht als ihre wilder wirkende Schwesterart. Dabei trennt sie nur ein Fluss, der Kongo. Die Bonobos leben im Tropenwald an seiner Südseite. Die Schimpansen sind auf seiner Nordseite viel weiter verbreitet. Ihr Gesamtareal reicht vom atlantischen Wes-

Waldelefant - Loxodonta cyclotis
Okapi - Okapia johnstoni
Ubangi
Kongo
Kinshasa
Kasai

5. Kongoregenwald

ten bis zu den zentralafrikanischen Seen im Osten. Sie nutzen vor allem auch die Savannen als Lebensraum und weniger den dichten Regenwald. Große Ähnlichkeit im Äußeren, aber große Unterschiede in Verhalten und Lebensweise.

Wir verstehen beim vertieften Blick auf beide Menschenaffen, dass es nur verhältnismäßig geringfügiger Änderungen bedurfte, um unsere Vorfahren auf den Weg in die Menschwerdung zu führen. Vor rund fünf Millionen Jahren bildeten wir zusammen mit den Vorfahren der beiden Schimpansenarten noch eine Art. Rätselvolles Afrika. Das »Herz der Finsternis« hatte der Schriftsteller Joseph Conrad den Kongoregenwald genannt. Doch es ist eines der großen Herzstücke des Lebens; aus unserer Sicht das wichtigste. Was dabei noch eine große Rolle spielt, geht aus der Betrachtung jener Region hervor, in der die hier nur als fern liegend abgebildeten Berge ins Zentrum rücken.

Doch noch etwas ist, auf das Bild bezogen, hervorzuheben. Die »große Fledermaus«, die über dem Wald ähnlich wie der Hornvogel einem großen Baum zustrebt, gehört auch in unsere biologische Verwandtschaft. In eine noch viel fernere zwar als die beiden Schimpansenarten. Aber das dürfen wir nicht geringschätzen. Denn die Flughunde, ein solcher ist es, und ihre Zwillingsgruppe, die Fledermäuse im engeren Sinne, tragen uralte Viren in ihren Körpern, die in der Lage sind, auf uns Menschen überzuwechseln. Mit brutaler Wirkung und für eine Viruserkrankung mit hoher Todesrate ist in letzter Zeit das Ebola-Virus bekannt geworden. Es ist nicht allein. Die Flughunde, die in großen Ansammlungen in der Nähe von Menschen leben, wenn diese Fruchtbäume direkt an oder in ihren Dörfern gepflanzt haben, weil sie die reifen Früchte fressen, und die von Insekten lebenden Fledermäuse tragen mehr Viren in ihren Körpern, die auch für Menschen lebensgefährlich werden können, als jede andere Tiergruppe. Sogar die viele Jahrmillionen zurückreichende Verwandtschaft ist für die Viren noch nahe genug, um »überspringen« zu können. Das »Herz der Finsternis« hat also auch seine wirklich dunkle Seite. Es ist gefährlich, immer weiter hineinzustoßen in den großen Kongoregenwald, nur um Tropenhölzer für Europa herauszuholen oder Ölpalmen anzubauen.

masse ist in natürlichen Wäldern gering; sehr gering sogar, verglichen mit der Phytomasse. Bilden die Bäume mehr als tausend Tonnen Phytomasse pro Hektar, so bringt es das gesamte oberirdische Tierleben mit ein paar Hundert Kilogramm anteilig nur auf Promille davon. Das bezieht sich aber keineswegs nur auf Wildschweine, Hirsche oder Füchse, sondern umfasst all die Raupen, Käfer, Spinnen und sonstigen Tiere, die auf den Bäumen oder, wie die Ameisen, mehr oder minder am/im Boden leben. Nur in diesem, wo organisches Material zu Humus zersetzt wird, liegt der Anteil der tierischen Biomasse höher. Der Eindruck, dass in einem Hochwald weit weniger Tiere zu sehen sind als etwa in einem Stadtpark oder an Gewässern, trügt nicht. Wälder sind von Natur aus tierarm, insbesondere arm an größeren und großen Tieren. Deren Domänen bilden die offenen Landschaften, die Savannen, Steppen und die Flussniederungen. Unsere Forste dienen den Wildtieren hauptsächlich als Rückzugsraum, in dem sie die Stunden des Tages verbringen. Zur Nahrungssuche ziehen sie nachts auf die Lichtungen und Fluren.

Warum es sich so verhält, ist eigentlich auf den ersten Blick klar. Im Wald sitzt das frische Grün mehr oder minder hoch oben, abgehoben vom Boden. Erreichen können es nur Tiere, die fliegen oder gut klettern können und dafür nicht zu schwer sind. Fliegen können vor allem die Fortpflanzungsstadien der Insekten. Sie deponieren ihre Eier so, dass die Raupen oder Larven ohne großen Aufwand an das frische Grün kommen. Von den Früchten ernähren sich Vögel und solche Säugetiere, die leicht genug fürs Klettern sind. Für die großen Säugetiere gibt der Boden mehr. Sie wühlen, wie die Wildschweine.

Aus dieser Kurzcharakterisierung geht hervor, dass es für Menschen noch weniger ergiebig ist als für die meisten Tierarten, direkt vom Wald zu leben. Menschen, die große Waldgebiete bewohnen, brauchen für ihre Ernährung Jagdbeute und Fische. Essbare Pflanzen gibt es wenige und oft nur zu bestimmten Jahreszeiten, wenn Beeren, Früchte oder Nüsse reifen. So zu leben bedeutet ein weit herumschweifendes Dasein als Jäger und Sammler. Ein solches lässt nur sehr geringe Siedlungsdichten zu. Tatsächlich liegt sie für Jäger und Sammler in Tropenwäldern niedriger als für Wüstenregionen, nämlich meistens bei kaum mehr als einem Menschen pro Quadratkilometer. Diese geringe Siedlungsdichte setzt nomadisches Umherschweifen voraus, da bei längerem Aufenthalt kleiner Menschengruppen in einem Waldgebiet dessen geringer Wildbestand schnell übernutzt ist und von den Bäumen saisonal oft für Monate keine Früchte und Samen zu holen sind.

Wie sich zeigen wird, sind diese natürlichen Gegebenheiten sehr wichtig zur Beurteilung der nachhaltigen Nutzbarkeit tropischer Regenwälder, die oft für eine Alternative zu ihrer Rodung und Umwandlung zu Acker- oder Weideland gehalten wird. Die Fruchtbarkeit der Böden wird sich dabei als entscheidend erweisen. Betrachten wir die Bäume vorerst noch aus einem anderen Blickwinkel. Denn es ist merkwürdig, dass auf einem Hektar Wiese mehrere Kühe dauerhaft leben können, die gleiche Fläche Wald aber langfristig nicht einmal einen Hirsch ernährt. Das liegt daran, dass Gräser und Wiesenkräuter auf Beweidung eingestellt sind und sogar besser wachsen, wenn sie immer wieder abgebissen werden. Bäume hingegen vertragen keine Beweidung, vor allem der Knospen. Wird ihr Blattwerk von Raupen oder Käferlarven zu sehr befressen, sterben sie ab. Wenige Bäume kommen mit dem Totalverlust ihres Blattwerks zurecht, aber auch nur, wenn sie die Reserven haben, eine nachfolgende Blattgeneration zu treiben, die dann erhalten bleibt und nicht gleich wieder aufgefressen wird. Das Grasland der Steppe wird nicht einmal von Massenentwicklungen wie Wanderheuschrecken nachhaltig geschädigt.

Wir können die Gegebenheiten so zusammenfassen: Grasländer sind auf Nutzung hoher Intensität eingestellt, Wälder ertragen hingegen nur geringe Nutzungen durch Tiere. Als Konsumenten fasst dieser Begriff im ökologischen Sprachgebrauch alle Lebewesen zusammen, die direkt von Pflanzen leben oder sich von Pflanzenverwertern ernähren. Raupen und Kühe sind Konsumenten, aber auch Füchse, Wölfe und Menschen. Was sie als Konsumenten mehr oder weniger unterscheidet, ist die Zahl der Verwertungsschritte. Den Anfang machen die Pflanzenverwerter, die Primärkonsumenten. Die Nutzung läuft weiter bis zur letzten Stufe, den Endnutzern. Wir Menschen sind solche Endnutzer; von Natur aus waren und sind das die großen Raubtiere. Das ist wichtig zu erwähnen, weil mit jedem weiteren Nutzungsschritt viel Energie verloren geht. Als Faustregel gilt, dass jeweils nur ein Zehntel oder weniger der aufgenommenen Nahrung zu körpereigener Biomasse wird oder zur Erzeugung von Nachkommen eingesetzt werden kann. Endnutzer, die drei Verwertungsstufen vor sich hatten, gewinnen daher nur noch ein Tausendstel dessen, was die Erstnutzer, die Pflanzenfresser, aufgenommen hatten. Dementsprechend selten sind und bleiben sie.

Umgekehrt können Arten häufig werden, die sich als Primärnutzer betätigen. Wir nennen sie »Schädlinge«, wenn sie landwirtschaftliche Kulturen oder die Forste befallen. Es gilt die Regel, je kürzer ihre Nahrungskette, desto häufiger kann die Art werden. Wir Menschen vollzogen einen grundlegenden Wechsel mit der Erfindung des Ackerbaus. Durch diesen wurden wir weitgehend Primärkonsumenten. Die Bevölkerungsexplosion der Menschheit war die Folge. Dass sie sich global erst Jahrtausende nach der Erfindung der Landwirtschaft voll auswirken konnte, lag vornehmlich an Krankheiten. Denn die Anfälligkeit für Krankheiten nimmt mit zunehmender Siedlungsdichte stark zu. Das gilt keineswegs nur für die Menschen, sondern noch mehr für unsere Nutztiere und Nutzpflanzen.

Aus diesen grundlegenden Zusammenhängen ergibt sich der besonders große Unterschied der uns vertrauten zu den Lebensverhältnissen im tropischen Regenwald. Denn in diesem bleiben die allermeisten Arten selten bis sehr selten, obwohl es eine so gewaltige und über den ganzen Jahreslauf beständige Phytomasse gibt. Der Antwort auf die Frage, wie es kommt, dass ausgerechnet im so üppigen tropischen Regenwald die Tiere so vielfältig an Arten, aber auch so selten sind, wird uns die genauere Betrachtung der Natur dieser Wälder näherbringen, und sodann verständlich machen, warum diese Wälder zum größten Teil noch bis Mitte des 20. Jahrhunderts erhalten geblieben sind.

Die Natur der Bäume

Bäume erkennen wir sofort als solche. Sie stellen eine Wuchsform der Pflanzen dar, deren zentrales Kennzeichen die Festigkeit des Stammes ist, der Wurzel und Krone mehr oder minder weit voneinander trennt. Verzichten wir auf eine genauere Begriffsbestimmung, weil eine solche mit zahlreichen Ausnahmen und Ergänzungen versehen werden müsste. Denn wie immer gibt es in der Natur Übergänge und keine scharfen Grenzen. Für unsere Betrachtung ist es auch nicht sonderlich bedeutsam, dass Pflanzen, wie das Heidekraut, »eigentlich« ein Zwergstrauch mit baumartigem Wuchs sind und kein Kraut, obwohl es die Schafe wie eine Wiese beweiden. Für unsere Betrachtung kommt es darauf an, dass die Bäume als Lebensform Wälder bilden und in diesen Bedingungen schaffen, die den Wald grundsätzlich von Grasland oder Heidelandschaften unterscheiden. Zwei Aspekte der Baumnatur sind dabei hervorzuheben. Die Bäume speichern einen großen Teil ihrer jährlichen CO_2-Produktion im Holz. Und sie verursachen einen weit größeren Durchzug an Wasser, als sie es für die Biomasseproduktion benötigen würden. Diese Transpiration schafft zusammen mit der Beschattung des Bodens ein besonderes Waldklima. Bäume befördern, um es noch deutlicher auszudrücken, riesige Wassermengen aus Boden und Grundwasser in die Atmosphäre.

Betrachten wir davon zuerst die Speicherung in den Stämmen. Wie groß sie tatsächlich ist, wird deutlich, wenn das Blattwerk gesondert gewogen wird. Es macht dann lediglich wenige Prozent der Gesamtmasse der Bäume aus; wie wenig oder wie viel, hängt vom Typ der Bäume ab. Lianen haben als Holzgewächse verhältnismäßig weniger Stammmaterial als Eichen oder Palmen. Darauf soll es nicht ankommen. Wichtiger ist die Feststellung, dass die Stämme zum allergrößten Teil aus totem Material bestehen. Lediglich die äußeren Zonen des Holzes gehören zum Lebendigen. Streng genommen ist dies nur die wenige Zellen dünne Schicht zwischen dem Holz im Innern und der »Rinde« außen. Mit dieser wird meistens die ebenfalls nicht mehr lebendige Borke gemeint. Bildlich gesprochen besteht der Baum also aus einer dünnen lebendigen Haut, die von einer toten Schutzschicht unterschiedlicher Dicke bedeckt ist und die das ebenfalls tote Holz umgibt. Am oberen und unteren Ende gehen aus dieser lebenden Haut die Blätter bzw.

Nadeln und im Boden die feinen Wurzeln hervor. Beide Gebilde, Wurzeln und Blattwerk, gehören zum lebendigen Teil des Baumes. Den großen Rest, bis über neunzig Prozent, macht das Holz aus.

Der Baum wächst also auf seinen eigenen Rückständen in die Höhe. Diese Gegebenheit ist so seltsam, dass man zögert, sie auf den Menschen zu übertragen. Denn in so einem Vergleich müssten wir auf unseren eigenen festen Ausscheidungen emporwachsen. Nur die Gase, die wir abgeben, würden den Gasen der Bäume entsprechen, dem Sauerstoff am Tage und dem CO_2, das besonders nachts abgeschieden wird, wenn die Pflanzen in der Dunkelphase nur noch atmen. Für uns ist dies so abstrus, dass wir uns wirklich schwertun, so einen (durchaus gerechtfertigten) Vergleich anzustellen.

Vielleicht geht es besser, wenn wir unseren Besitz hinzunehmen. Was uns gehört, haben wir angesammelt und gleichsam monopolisiert. Die Bäume monopolisieren Raum, Wuchsraum, und Nährstoffe, die sie speichern, und die eigenen Produkte dazu. Das macht sie langlebig und bodenständig, im buchstäblichen Wortsinn. In die Vermehrung, in die Bildung von Früchten und Samen, investieren sie erst ab einem fortgeschrittenen Alter und häufig nur zu bestimmten Zeiten. Darin unterscheiden sie sich sehr stark von Gräsern und Kräutern, bei denen es um schnelles Wachstum mit Blühen und raschem Fruchten geht. Viele dieser Pflanzen sind »einjährig«. Diese Charakterisierung besagt, dass sie nach dem Fruchten absterben und im nächsten Jahr eine neue Generation aus den Samen hervorgeht. Sie investieren also in schnelle Fortpflanzung, die Bäume dagegen in Beständigkeit.

Hieraus ergeben sich wiederum höchst bedeutsame Folgen, insbesondere für die Nutzbarkeit. Was schnell wächst, bildet wenig oder keine

Abwehrstoffe gegen das Gefressenwerden – und umgekehrt. Die allermeisten Gräser und viele krautige Pflanzen können von den Tieren ohne besondere Spezialisierungen verwertet werden, weil sie keine Giftstoffe enthalten. Dass wir mit Gras nicht zurechtkommen, liegt nur daran, dass es zu viel für uns unverdauliche Zellulose enthält und viel zu wenig Nahrhaftes, nicht aber daran, dass Gras giftig wäre.

Bei Blättern von Bäumen ist das anders. Sie enthalten meistens besondere Stoffe, die sie als Nahrung für Tiere ungeeignet oder giftig machen. Gerbstoffe zum Beispiel, wie bei unseren Eichen. Ihre Bezeichnung besagt, dass sie das in den Tierhäuten enthaltene Eiweiß so sehr verändern, denaturieren, dass es zu Leder wird und von den Mikroben nicht mehr oder nur noch unter besonderen Bedingungen zersetzt werden kann. Bei Kräutern nutzen wir die Inhaltsstoffe als Tee. Warum aber entwickeln die Bäume solche und sogar besonders vielfältige Schutzstoffe, die schlecht schmecken oder giftig sind, wenn andere Pflanzen, wie die Gräser und viele Kräuter, mit weniger oder ohne diese zurechtkommen?

Diese Frage bringt uns zurück zum Durchsatz von Wasser, zur Transpiration. Dass die Bäume ein eigenes Klima schaffen, wenn sie in Beständen zusammenwachsen und größere Wälder bilden, ist die Folge hoher Wasserverdunstung. Die Bäume transpirieren aber nicht, um ein bestimmtes Waldklima zu erzeugen, sondern weil ihre Blätter dem Licht ausgesetzt sind. Im Sommer werden unsere Wälder, in den Tropen die Bäume das ganze Jahr über geradezu bombardiert mit Licht. Die Blätter können aber die Photosynthese nicht einfach abschalten, weil es genug wäre für heute. Diese muss weiterlaufen, allenfalls etwas vermindert, ansonsten würde die Einstrahlung das empfindliche chemische System zerstörten. Wie für einen laufenden Motor bei großer Sommerhitze bedarf es dabei der Kühlung. Die Verdunstung von Wasser liefert sie. Die Transpiration nimmt daher mit der Stärke der Sonneneinstrahlung stark zu.

Aber mit der Kühlung allein ist es nicht getan. Es geht nicht nur um die Verhinderung von Überhitzung, sondern auch um die chemischen Vorgänge ganz direkt. Es können nicht nur ununterbrochen Zucker erzeugt werden, weil so viel Licht für die Photosynthese da ist. Die Zucker würden die Zellen überschwemmen und die Blätter funktionsunfähig machen. Das Übermaß an Energie wird unschädlich gemacht über komplizierte chemische Reaktionen, die hohen Energieeinsatz benötigen. Komplexe chemische Stoffe sind solche »Energiefresser«. Sie wieder aufzuspalten und als Nahrung verwertbar zu machen würde entweder einen hohen Einsatz von Energie in der Verdauung erfordern oder besondere Enzyme zur Entgiftung oder beides. Die Nutzung solcher Nahrung voller komplexer chemischer Verbindungen ist daher etwas für Spezialisten. Je schwieriger die Verdauung, desto langsamer die Verwertung und damit auch die Vermehrung, etwa der Insekten oder von darauf spezialisierten Säugetieren. Wie wir sehen werden, tragen die komplexen Inhaltsstoffe der Blätter sehr dazu bei, dass es in den Regenwäldern der Tropen eine so artenreiche und vielfältige Tierwelt gibt. In diesen Stoffen liegen auch die Beschränkungen und die Chancen der Nutzung durch die Menschen; Beschränkungen, weil wir so gut wie kein Blattwerk aus dem Regenwald direkt als Nahrung nutzen können,

sondern nur manche Früchte, die keine solchen Stoffe enthalten. Chancen, weil die Vielfalt dieser Inhaltsstoffe eine Fülle medizinischer Nutzungen ermöglicht.

Zusammengefasst folgt daraus, dass zu den Tropen hin tendenziell die Blätter der Bäume giftiger werden und die Hölzer härter, weil das Wachstum langsamer verläuft und die Wälder mehr Material im lebenden Teil speichern als in außertropischen Regionen.

Der dünne Boden der Regenwälder

Nun rückt noch der Boden in den Fokus. Denn warum sollten Wälder der klimatisch gemäßigten und kalten Regionen mehr Humus haben als die Tropenwälder, wenn doch in diesen das Wachstum das ganze Jahr über nahezu unverändert mit hoher Intensität abläuft? In der Jahresbilanz sollten sie also mehr produzieren als Wälder, die polaren Regionen nahestehen, weil polwärts die Wachstumszeit immer kürzer wird. Diese Schlussfolgerung liegt nicht nur nahe, sondern der äußere Eindruck verstärkt sogar die Annahme, der Tropenwald müsse auf sehr fruchtbarem Boden wachsen, zeigt er sich doch so üppig als gewaltige immergrüne Masse. Alexander von Humboldt war diesem Trugbild erlegen, als er die südamerikanischen Tropenwälder am Orinoko erlebte, deren Fülle ihn und seinen Begleiter, den Botaniker Aimé Bonpland, regelrecht überwältigte. Das konnte nur Fruchtbarkeit in ihrer höchsten Steigerung sein, meinten sie. Amazonien wird das Land der Zukunft werden, folgerte Humboldt, denn dort gebe es Wasser in Hülle und

Fülle, Wälder über Wälder und Temperaturen, die nur so um die 30 Grad Celsius schwanken, also durchaus angenehm sind. Was Humboldt wie viele andere Forscher nach ihm nicht bemerkte, war die geringe Zahl von Menschen, die in den Regenwäldern Amazoniens, Venezuelas und Kolumbiens lebte. Die Trockenregionen mit ihrem zeitweise mörderisch heißen Klima an der Karibikküste waren damals schon, vor zweihundert Jahren, ungleich dichter besiedelt. Die kalten Hochflächen der Anden auch, in denen sich vor Eintreffen der spanischen Eroberer die Hochkultur der Inkas entwickelt und von Peru aus bis nach Chile in den Süden und Kolumbien in den Norden ausgebreitet hatte. Im heutigen Paraguay und in Nordargentinien florierte zu Humboldts Zeit ein von Jesuiten geleiteter Indiostaat. Tief im Süden trotzten Gauchos mit ihren Schafherden auf der Pampa den Stürmen aus der Antarktis. Und in Brasilien rückte die Besiedlung des Inneren von Südosten und Süden in die Trockenwälder des Cerrado vor. Amazonien hingegen war zu Humboldts Zeit noch weitgehend unbekannte Wildnis mit Indios, Missionaren und Goldsuchern.

Auch ein Jahrhundert nach Humboldt trieb nicht etwa die prognostizierte Erschließung einer fruchtbaren Neuen Welt Siedler in den größten Regenwald der Erde, sondern Gummizapfer drangen ein, um Kautschuk für Autoreifen zu gewinnen. Die großen Wälder Nordamerikas waren bereits vernichtet, als in Amazonien von den entlegensten Ecken her erste größere Rodungen in den Regenwald getrieben wurden. Im fernen Rondônia und im Acre Brasiliens ging es los, nicht vom unteren Amazonas aus, auf dem hochseetaugliche Schiffe fahren konnten. Erste Großplantagen wurden vor hundert Jahren angelegt – und scheiterten. Die Üppigkeit des Tropenwaldes brachte keine üppigen Erträge.

Für die Böden gilt ganz allgemein, dass sie so gut oder so unergiebig sind, wie es die Niederschläge und die Temperaturen ermöglichen. Der beste Boden bringt nichts, wenn er gefroren ist und dies zu lange bleibt, zu lange für das Wachsen und Gedeihen von Pflanzen. Wüstenböden voller pflanzenverwertbarer Mineralstoffe liefern ausgezeichnete Ernten, wenn sie entsprechend bewässert werden. Aber sie neigen zum Versalzen, weil das Wasser Bodensalze löst und nach oben steigen lässt.

Warum gibt es die Versalzung in Wäldern nicht oder nur unter besonders ungünstigen Bedingungen? Der Hauptgrund ist die Regulierung des Wasserhaushaltes durch die Bäume. Sie ziehen Grundwasser nach, verhindern aber eine zu starke Verdunstung an der Bodenoberfläche, weil sie diese beschatten und feucht halten. Große Wälder leisten aber noch mehr. Sie verdunsten nicht nur viel Wasser, sondern sie erzeugen damit auch neue Niederschläge. Denn die aufsteigende Feuchtigkeit kondensiert zu Wolken, verdichtet sich mit dem Höhersteigen weiter und entwickelt sich zu Schauer- und Gewitterwolken (Cumulonimben). Bei kleinen Waldgebieten fällt dies nicht auf bzw. mengenmäßig nicht ins Gewicht für die jahreszeitliche oder jährliche Niederschlagsbilanz. Wohl aber ist diese Selbsterzeugung von Regen für große Waldgebiete sehr bedeutsam. Am weitaus stärksten wirkt sie in tropischen Regenwäldern. Dazu gibt Amazonien das beste Beispiel.

Der amazonische Regenwald hat eine bezeichnende Form. An der Amazonasmündung ist er verhältnismäßig schmal, wie die Karte auf Seite 88 zeigt. Er wird aber mit zunehmender Entfernung vom Meer immer breiter und erreicht direkt an der gewaltigen Gebirgsbarriere der Anden die größte Breite. Dort verbindet er sich auch mit den nicht zum Flussgebiet des Amazonas gehörenden Regenwäldern am oberen Rio

Magdalena in Kolumbien und am Orinoko in Venezuela. Ganz großzügig charakterisiert, hat er die Gestalt einer platt gedrückten Birne, deren »Stiel« als Amazonasmündung in den Südatlantik reicht. Diese Form ist nicht einfach so gegeben; sie hat einen guten Grund. Die Niederschlagsmenge nimmt nämlich seltsamerweise westwärts zu den Anden hin stark zu. Das ist in der Tat merkwürdig, kommt doch das Wasser mit den Wolken vom Atlantik her. Also sollte es nahe der Amazonasmündung und im anschließenden Hinterland am meisten regnen, Tausende Kilometer weiter westwärts und damit meerfern aber am wenigsten. So verhält es sich auf den großflächigen Kontinenten. In Nordamerika regnet es wenig und unregelmäßig, wo die Prärien an die Rocky Mountains grenzen; also in jener Region, die geographisch dem amazonischen Andenvorland entspricht. Die riesigen Flächen des Mittleren Westens der USA könnten viel mehr Niederschlag gebrauchen, als sie tatsächlich abbekommen. Die »Regenwaldbirne« Amazoniens ist also erklärungsbedürftig.

Sie wird sogar noch merkwürdiger, wenn man den Wasserkreislauf in der Bilanz betrachtet. Für Amazonien geht dies recht einfach. Denn es kommt vom Atlantik her so viel Wasser als Regen hinein, wie der Amazonas wieder zurückführt. Die durchschnittliche Jahresmenge beträgt etwa 6600 Kubikkilometer, also rund 6,6 Billionen Liter Wasser. Das Einzugsgebiet des Amazonas ist knapp 6 Millionen Quadratkilometer groß. Daraus würde sich ein Flächenniederschlag errechnen, der viel zu niedrig liegt für den tropischen Regenwald. Denn um Regenwald sein und bleiben zu können, ist mindestens die doppelte Menge nötig.

Tatsächlich verbirgt sich darin ein großes Problem. Davon gleich mehr. Zunächst: Warum geht weit im Westen mehr Regen nieder als in

Virunga

Berge und Seen, landschaftliche Idylle ohne die drückende Hitze des Kongoregenwaldes, aber auch mit einer Fülle von Pflanzen- und Tierarten, die den zweitgrößten Regenwald der Erde auszeichnen. So etwa lässt sich in Kurzform beschreiben, was den hohen östlichen Rand des afrikanischen Regenwaldes charakterisiert. Und mit zwei Schmetterlingsarten dazu, den Eulenfaltern *Mazuca amoena & Mazuca strigicincta*, deren Flügelmuster ein Künstler der modern-abstrakten Richtung entworfen haben könnte. Dazu Pflanzen, die bizarr kerzenartig himmelwärts streben und alles andere als zum Regenwald zu passen scheinen. Als solcher rückte er den Erwartungen näher, würde das Bild eine Gruppe der gewaltigen Berggorillas enthalten; die größten der Menschenaffen und Vorbild abenteuerlicher Erzählungen und für Horrorfilme mit Tieren. Diese könnten nicht falscher sein. Die Gorillas sind sanfte Riesen, die lediglich bei massiver Bedrohung ihre Familie und sich selbst verteidigen. Ihre Körperkraft nützt ihnen jedoch nichts, wenn Großwildjäger aus sicherer Distanz mit großkalibrigen Gewehren auf sie schießen. Ohne vernünftigen Grund und ganz ohne Not.

Darum sollte es aber bei der Gestaltung des Bildes nicht gehen, sondern um den »Grund« im wörtlichen Sinne, um die geologische Natur dieser Großlandschaft unter dem Äquator. Die Kegelform der Berge weist sie als Vulkane aus. Ihre Reihung als Vulkankette. Der See davor, einer der zahlreichen und in ihrer Größe bildlich gar nicht darstellbaren, drückt noch mehr aus. Hier geht ein Riss durch die Erdkruste. Die Seen, nicht alle, aber gerade jene, die an und zwischen den Bergketten liegen, sind sehr tief und sehr alt. Jahrmillionen; viele Jahrmillionen. Nur der Baikalsee in Sibirien übertrifft sie an Alter. Auch er liegt in einer Zone, in der ein Riss in der Erdkruste zustande gekommen war. Der afrikanische Bruch ist aber ungleich größer. Er beginnt dort, wo die Landmasse Asiens mit der Arabischen Halbinsel an Afrika grenzt, zieht am äthiopischen Hochland vorbei, dem ein beträchtliches Stück abgeteilt ist, und verläuft dann durch Kenia und das weite ostafrikanische Hochland südwärts, bis er schließlich nach Osten ausschwenkt und im Indischen Ozean verschwindet. Dieser Riss ist der bei Weitem größte im kontinentalen Bereich. Er gehört zu einem den ganzen Globus umspannenden System von Platten und Rissen, das aber größtenteils unter Wasser, in den Ozeanen verläuft. An den Rissen quillt glutflüssiges Gesteinsmaterial auf. Große, tätige Vulkane mit häufigen Ausbrüchen folgen dem Verlauf der Risszonen. Ein regelrechter Feuerring umgibt den Pazifischen Ozean.

Das Besondere in Afrika ist, dass der Riss den Kontinent von Nord nach Süd auf gut zwei Drittel seiner Länge spaltet, auseinanderreißt. Im Verlauf der kommenden Jahrmillionen entsteht darin ein neuer Ozean. Wir blicken also auf die frühen Anfänge einer Ozeanbildung auf der nach erdgeschichtlichen Zeitmaßen stets unruhigen Erde.

In Afrika setzt dieser geologische Prozess längs durch den Kontinent immer wieder gleichsam frische Nährstoffe für das Wachstum der Pflanzen und für die Weiternutzung durch die Tiere frei. Sie sind die Quelle für neue Entwicklungen. Die Savannen des ostafrikanischen Hochlandes tragen seit Jahrmillionen große Bestände von Großtieren. Immer wieder kamen neue

6. Virunga

Entwicklungen zustande. Das Schmetterlingspaar, das zwei verschiedene, sich miteinander nicht mehr verpaarende Arten darstellt, bietet ein einfaches, aber augenfälliges Beispiel für Artenbildung, für Evolution. Aus kleinen Unterschieden kann Großes entstehen, so die Rahmenbedingungen der Natur dafür günstig sind. Sie sind es im äquatorialen Ostafrika am Rande des Kongobeckens mit einer Fülle von Nährstoffen in den Böden, mit reichlich Niederschlägen und Wasser in Seen, Bächen und Flüssen sowie aufgrund der Höhenlage gemäßigter tropischer Wärme. So etwa könnte man sich paradiesische Verhältnisse vorstellen, wenn, ja wenn sich die Menschen Paradiese schaffen würden.

Auch sie sind aus guten Gründen im Bild nicht mit enthalten. Denn die günstigen Verhältnisse haben die Menschen nicht friedlicher und kooperativer gemacht. Es ist erst ein paar Jahrzehnte her, dass sich in Ruanda zwei afrikanische Volksgruppen, die Hutu und die Tutsi, gegenseitig auszurotten trachteten. Nirgendwo in Afrika war die Bevölkerungsexplosion so stark wie in der euphemistisch »die Schweiz des Schwarzen Kontinents« genannten Region. Die Wälder, die Garant für beständigen Fluss von Wasser in den Bächen und Flüssen sein sollten, und die Böden werden zunehmend vernichtet und degradiert.

Die im Wald lebende Bevölkerung ist ebenso von der Ausrottung bedroht wie die Berggorillas und viele andere Tierarten. Die Europäer haben den Afrikanern keineswegs die Kultur gebracht, die sie zu bringen mit missionarischem Eifer vorgaben, sondern den Zusammenbruch von in Jahrhunderten und Jahrtausenden gewachsenen, auf die regionalen Verhältnisse abgestimmten Kulturen. Arabische Sklavenhändler hatten vor den Europäern Menschen in Afrika einfangen lassen und als Arbeitstiere verkauft. Mit den Fremden kamen Krankheiten, die weiter dezimierten. Unterschiedliche afrikanische Ethnien breiteten sich aus oder wurden zurückgedrängt und vernichtet. Es lief das Prinzip des *survival of the fittest* in aller Brutalität ab. Bei den Afrikanern untereinander. Die Bantu-Expansion löste gewaltige Verschiebungen und Veränderungen unter den afrikanischen Stämmen aus, der eurasiatischen Völkerwanderung vergleichbar. Afrika war kein Kontinent im paradiesischen Urzustand, als die Europäer ihn untereinander aufteilten. Der Kolonialismus verschlimmerte jedoch alles. Dass Menschen im Einklang mit der Natur leben, ist als Vorstellung nirgendwo so illusorisch wie ausgerechnet dort, wo die Lebensbedingungen paradiesisch wären.

Atlantiknähe? Das vom Südatlantik kommende Wasser macht in Amazonien mehrere Kreisläufe durch. Es wird mehrfach vom Wald in die Atmosphäre zurückgegeben, steigt auf und verdichtet sich zu Schauern, bis es schließlich in die Flüsse gelangt und zum Meer zurückgeführt wird. Dem großen Kreislauf Meer – Wolken – Verfrachtung zum Land – Niederschlag – in die Flüsse und über den Amazonas zurück zum Meer sind zahlreiche kleine Kreisläufe überlagert, die die Wälder selbst erzeugen. Wasser steigt aus ihnen auf, verdichtet sich in Wolken und fällt wieder in heftigen Niederschlägen. Mehrfach. Dadurch kommen fern des Meeres am Fuß der Anden sogar die höchsten Jahresniederschlagsmengen von bis zu zehn Metern zustande, während es nahe der Amazonasmündung nur ein Fünftel dieser Regenmenge gibt.

Aber dass der Wald selbst Regen macht, funktioniert nur, wenn dieser großflächig vorhanden ist. Werden die Wälder abgeholzt und die Flächen in Weideland für Vieh oder in Plantagen für den Sojaanbau umgewandelt, kommen die so ergiebigen kleinen Kreisläufe nicht mehr zustande. Die jährlichen Niederschlagsmengen gehen zurück. Fallen sie unter die kritische Grenze von etwa 2000 Millimetern Regen, schädigt dies auch die verbliebenen Restflächen Regenwald. Sie trocknen aus und gehen zugrunde. Diese Folge der Erschließung tropischer Regenwälder für die landwirtschaftliche Nutzung wirkt mit zunehmender Größe der Waldrodungen nicht nur auf das regionale Klima, sondern global. Sie gehört damit genauso zu den globalen Aspekten wie die Verbrennung fossiler Energieträger in China, Europa und den USA.

Hier ist zudem eine weitere Wirkung des Regens anzuschließen, die den Boden direkt betrifft. Die hohen Niederschläge bedeuten nämlich unweigerlich auch entsprechend hohe Verluste an mineralischen Nährstoffen für das Wachstum der Bäume durch Auswaschung. Wenn der Boden viele Jahrtausende lang mit den gewaltigen Niederschlagsmengen ununterbrochen gewaschen wird, bleibt außer unlöslichen Bestandteilen wie Sand und bestimmten Mineralstoffen nichts mehr übrig. Schon ein paar Jahre Waschung mit den Tropenregen würden ausreichen, um hierzulande vielfach reinen Sand zu hinterlassen. Alle wasserlöslichen Nährsalze wären über das Grundwasser in die Bäche und Flüsse geraten und vollends ins Meer verfrachtet. Auch dichter Wald kann bei hohen Niederschlagsmengen Auswaschungsverluste nicht verhindern.

Wie kommt es dann, dass in den niederschlagsreichsten Gebieten der Erde dennoch die üppigsten Wälder wachsen? Sogar enorm lange, denn tropische Regenwälder entstanden bereits vor vielen Jahrmillionen. Manche von ihnen gelten als die ältesten überhaupt existierenden Wälder. Ihre Böden sollten längst keine wasserlöslichen Pflanzennährstoffe mehr enthalten. Ausnahmen dürfte es eigentlich nur dort geben, wo Gestein oberflächennah ansteht und weiter verwittert. Die Wurzeln der Bäume beteiligen sich an dieser Verwitterung. Sie erzeugen Boden und setzen Nährstoffe frei. Doch der weitaus größte Teil Amazoniens ist Sedimentationsbecken. Gestein gibt es hauptsächlich in den Randzonen, nämlich in Form des Guyana-Schildes im Nordosten und des zentralbrasilianischen Berglandes im Süden. Im Westen fallen die Anden steil zum Amazonasbecken ab. Vorgebirge gibt es kaum. Nach Norden und Süden hin verbinden sich offene, flache Senken mit dem schon genannten Flussgebiet des Orinoko und im Süden mit dem Paraná, einem weiteren Riesenstrom Südamerikas.

Die tropischen Regenwälder Amazoniens wachsen daher zum allergrößten Teil nicht auf felsigem Untergrund, sondern auf Sedimenten, die tatsächlich über Jahrmillionen von den Niederschlägen ausgelaugt sind. Sie müssten daher unfruchtbar sein. Der Wald scheint das Gegenteil zu beweisen. Deshalb hatte Alexander von Humboldt gedacht, seine Fülle würde beste Wachstumsbedingungen und Fruchtbarkeit anzeigen. Tatsächlich sind die Böden Amazoniens aber sehr arm an Nährsalzen. Lediglich eine dünne Schicht, die humusartig wirkt, bedeckt sie. Ein paar Schläge mit der Harke genügen, um den Sand oder den aluminiumhaltigen Kaolinit freizulegen. Wo Straßen in den amazonischen Regenwald hinein gebaut wurden, zeigen die Anschnitte, auf welch unglaublich geringer Bodenkrume der Regenwald wächst und offenbar gedeihen konnte. Böden und Wald passen nicht zusammen, so der Eindruck. Und jeder Regenguss schwemmt ab, was noch irgendwie fruchtbar aussieht.

Wie ernährt sich der tropische Regenwald?

Hinweise zu dieser so grundlegenden Frage liefert das Wasser. Das Wasser der Bäche, die aus dem Wald kommen, und das Wasser des Regens, der häufig mit wasserfallartiger Gewalt niedergeht. Bleiben wir bei Amazonien, denn wenn wir die dortigen Verhältnisse im größten Regenwaldgebiet der Erde kennengelernt haben, lassen sich die Besonderheiten des Kongobeckens und Südostasiens, der beiden anderen Hauptregionen mit tropischem Regenwald, nachvollziehen. Am Anfang der Einsicht in die Gegebenheiten stand ein längst bekannter Befund. Amazoniens Flüsse lassen sich nach der Farbe ihres Wassers in drei Typen gliedern: Weißwasser, Schwarzwasser und Klarwasser. Weißwas-

ser ist mehr oder weniger milchig getrübt, eher wie Milchkaffee, nicht wirklich weiß, Schwarzwasser sieht aus wie fließendes Öl und bleibt bräunlich, so man es in ein größeres Gefäß schöpft, während Klarwasser keine Trübungen enthält und einfach klar ist.
Die Bedeutung dieser Unterschiede ist der »indianischen« Urbevölkerung Amazoniens wohl bekannt. Sie drückt sich sogar darin aus, wo und wie gehäuft die verschiedenen Stämme siedelten. Das »indianische Muster« erklärt sich aus dem Mineralstoffgehalt des Wassers und seiner damit verbundenen Fruchtbarkeit. Weißwasser kommt aus den Anden. Mineralischer Abrieb aus dem Hochgebirge verursacht die Trübung. Sie macht die alljährlich zu bestimmten Zeiten mehr oder minder lange überfluteten Uferbereiche fruchtbar. Zwar nicht annähernd so sehr wie der Nil mit seinen Fluten, aber im Prinzip ähnlich. Die Weißwasser-Überschwemmungsgebiete heißen in Amazonien *várzea*. An ihnen siedeln seit Jahrhunderten auch Nachkommen europäischer Kolonisten und »Mischlinge«, Caboclos genannt, obwohl die Fluten zur Hochwasserzeit um zehn Meter und mehr ansteigen und es in der *várzea* viele Stechmücken gibt. Ganz anders das Überschwemmungsgebiet der Schwarzwasserflüsse, *igapó* genannt. Dort steigt das Wasser bis in die Baumkronen und steht oft wochenlang in dieser Höhe, ohne zu den Niederwasserzeiten fruchtbare Uferzonen zu bilden. Weithin gibt es zwar keine Stechmücken, aber eben auch nichts anzubauen, weil die Böden nach dem Hochwasser eher noch Nährstoffe verloren als neue bekommen haben. Ähnlich mager bleiben die Flussufer der Klarwasserflüsse. Das Fehlen von Trübung erleichtert zwar das Fischen mit Pfeil und Bogen oder Speer, aber da in Klarwasserflüssen wenige Fische leben, ist dies nicht ergiebig.

Die jahrhunderte- bis jahrtausendelangen Erfahrungen der »indianischen« Urbevölkerung bestätigten die Messungen der Wissenschaftler aus dem deutschen Max-Planck-Institut für Limnologie in der zweiten Hälfte des 20. Jahrhunderts. Die Klar- und die Schwarzwasserflüsse sind extrem arm an sogenannten Elektrolyten, also gelösten Mineralstoffen, die als Ionen Strom leiten. Die gemessene Leitfähigkeit des Wassers stellt ein gutes Maß dar für die vorhandenen Ionen, zu denen auch die Pflanzennährsalze gehören. Im Schwarzwasser erzeugen Humussäuren die bräunliche Färbung. Sie sind für das Wachstum von Pflanzen nicht verwertbar. Wir kennen sie aus braunen Moorseen. Anders das Weißwasser. Es enthält jene Ionen, wie die von Kalium, Kalzium, Magnesium und Phosphaten, die Pflanzen brauchen. Diese stammen aus dem verwitternden Gestein der Anden. Dass dieses nicht so ergiebig ist wie das Gestein Äthiopiens, aus dem zwei der Hauptzuflüsse des Nils kommen, liegt am Fehlen von Vulkanen im Einzugsgebiet des Amazonas. Vulkanisches Gestein ist (viel) ergiebiger als Kalk- und Sandstein oder auch als Granit. Das ist ein wesentlicher Unterschied zu großen Teilen des Regenwalds in Südostasien. Der Tropenforscher Ernst Josef Fittkau erstellte nach diesen Befunden eine ökologische Karte Amazoniens. Sie zeigt eine Dreigliederung. Die »Fortsetzung der Anden« über das Weißwasser, den Zustrom von Schwarz- und Klarwasserflüssen und dazwischen die riesigen Regenwaldgebiete Zentralamazoniens. Woher bekommen aber diese die nötigen Nährstoffe?

Weitere Befunde geben zu dieser Frage Aufschluss. So zeigten die Messungen zur Leitfähigkeit bei der genauen Inhaltsanalyse, dass das Wasser in den amazonischen Waldbächen reiner als Regenwasser ist. Es enthält nicht einmal Spuren von Kalzium oder Magnesium und auch von anderen Mineralstoffen nahezu nichts bis an die Grenze der Nachweisbarkeit. Wäscht man sich die Hände in einem Klarwasser-Waldbach, reicht ein Antippen von Seife zum schier nicht enden wollenden Schäumen. So eine kuriose Feststellung hat einen ernsten Hintergrund. Der extreme Mangel an Mineralstoffen führt dazu, dass die Zähne korrodieren, die Knochen Substanz verlieren und man gierig auf Salz wird, weil beim Schwitzen in der tropischen Schwüle zu viel davon verloren geht. Für manche Wassertiere bedeutet das sehr mineralstoffarme Wasser, dass ihre Körper mehr davon aufnehmen, als ihnen guttut. Das osmotische Gefälle, das zustande kommt, wenn außen im Wasser weit weniger Salze enthalten sind als im Körper, zwingt dazu, dass dieser quasi wasserdicht gemacht werden muss, um zu verhindern, dass zu viel Wasser eindringt. Die andauernde Entwässerung des Überschusses kostet Energie. Es hat daher einen guten Grund, dass ausgerechnet in Amazonien Panzerfische verbreitet vorkommen und als Fische erfolgreich sind. Und auch, dass typische Raubfische mit messerscharfen Zähnen Früchte fressen, die ins Wasser fallen. Dieser Art von Nahrung können sie Mineralstoffe entnehmen, mit denen sie die unvermeidlichen Verluste ersetzen.

Doch der Wald als Ganzes verliert unweigerlich Mineralstoffe. Die Verlustmenge lässt sich über den Elektrolytgehalt der Gewässer messen, die den Wald verlassen. Auch wenn es nur wenige Milligramm pro Kubikmeter sind, sie gehen Amazonien jahraus, jahrein verloren und werden hinausgeschwemmt in den Südatlantik. Also müssten die Wälder Amazoniens nach und nach verhungern, nur die Uferbereiche der Weißwasserflüsse ausgenommen. Denn diese erhalten mit jeder Flut frischen Nachschub aus den Anden.

Weitere Befunde ermöglichen Schritt für Schritt die Lösung. So entwickeln die allermeisten Bäume Amazoniens, die auf der *terra firme*, den riesigen, nicht überschwemmten Flächen wachsen, ein so flach ausgebreitetes Wurzelwerk, dass sie anders, als man annehmen möchte, nicht sonderlich gut im Boden verankert sind. Ein normaler Gewittersturm reicht, um einen großen Baum umzuwerfen, weil nicht einmal die oft sehr mächtig entwickelten Brett- und Stelzwurzeln genügend Standfestigkeit verleihen. Wir wissen inzwischen aus umfangreichen Regenwaldforschungen, dass die oberflächennahe Ausbreitung des Wurzelwerks wie ein riesiger Feinfilter wirkt. Mit diesem nehmen die Bäume die Mineralstoffe auf, die bei der Zersetzung der Blätter oder umgestürzter Baumstämme frei werden. Feinste Pilzfäden helfen bei dieser geradezu kurzgeschlossenen Wiedernutzung. In den uns vertrauten Böden speichert der Humus die zersetzten Stoffe. Daher gilt er als besonders fruchtbar. Auf den Böden der tropischen Regenwälder kommt kein Humus zustande, weil die Baumwurzeln gleich wieder alles aufnehmen, was bei Zersetzung und Mineralisation freigesetzt wird. Blätter und Wurzeln der Bäume bilden ein enges Kreislaufsystem.

Dennoch kann auch dieses nicht vollständig verhindern, dass Pflanzennährstoffe durch den Regen ausgeschwemmt werden. Die Wassermassen sind einfach zu groß und die Sturzregen zu heftig. Der geringe Mineralstoffgehalt der Waldbäche drückt diese unvermeidbaren Verluste aus. Einen gut sichtbaren Hinweis darauf, wie diese ausgeglichen werden, vermittelt der Blick in die Baumkronen und auf die Blätter der Regenwaldbäume. Was in den

Baumkronen sitzt, ist uns aus dem Spektrum der Zimmer- und Zierpflanzen bestens vertraut: Orchideen, Bromelien, Farne. Sie sind, mit holprigem Deutsch ausgedrückt, Aufsitzerpflanzen, besser und allgemeiner bekannt als Epiphyten. Ihre Wurzeln haben keinen Kontakt zum Boden, dringen aber auch nicht in die Äste oder Stämme ein. Sie sind also keine Parasiten, die die Bäume anzapfen, sondern sie ernähren sich auf den Bäumen – aus der Luft. Buchstäblich. Denn sie entnehmen dieser nicht nur wie die allermeisten anderen Pflanzen das Kohlendioxid, sondern auch das Wasser und die nötigen Mineralstoffe. Dass sie bei dieser Art zu leben ziemlich genügsam sein müssen, liegt auf der Hand. Aber sie zeigen mit ihrem Vorkommen und ihrer Häufigkeit an, dass auf dem Luftweg offenbar durchaus reichlich Mineralstoffe ankommen.

Schauen wir genauer hin, erkennen wir dies noch deutlicher an den kleinen bis winzigen »Aufsitzern« der Blätter, den Epiphyllen. Sie besiedeln diese wie ein winziger Rasen, machen manche der großen Blätter fleckig im Aussehen und sind wahrscheinlich ein wesentlicher Grund dafür, dass Träufelspitzen entwickelt wurden. Über diese läuft bzw. tropft das Regenwasser schneller ab. Dadurch trocknet der Aufwuchs auf den Blättern zwischendurch immer wieder aus. Das verhindert, dass er zu dicht wird und das Laub der Regenwaldbäume beeinträchtigt. Andererseits filtern die Epiphylle mit ihrer insgesamt riesigen Oberfläche besonders viele Mineralstoffe aus dem Regenwasser. Das kommt den Bäumen auch wieder zugute. In größerem Umfang sogar als bei den großen Epiphyten. Diese reißt nur der eine oder andere Gewittersturm mal zu Boden, wo ihnen das Wurzelwerk der Bäume die enthaltenen Nährstoffe entziehen kann.

Woher die Mineralstoffe aus der Luft stammen, war bis in die zweite Hälfte des 20. Jahrhunderts unbekannt. Aus der Gischt vom Meer, das vom Passat und von Stürmen getrieben gegen die Küsten brandet? Oder aus den Trockengebieten im Nord- und Südosten Südamerikas, wo es große Flächen offenen Bodens gibt? Sicher auch, aber die chemischen Feinanalysen wiesen auf eine andere, weit entfernte Quelle. Die Mineralstoffe, die den tropischen Regenwald Amazoniens auf dem Luftweg düngen, trägt der Passat aus der Sahara heran. Nur bei ganz besonders starken Sand- und Staubstürmen und passenden Großwetterlagen erleben sogar wir in Mitteleuropa einen Ableger dieses Phänomens, wenn Saharastaub eingeweht wird. Blutregen nannte man in abergläubischer Zeit so ein Ereignis, weil der Niederschlag bräunlich bis gelbbraun getönt war. Die Färbung zeigt eisenhaltige Verbindungen im Staub an.

Die Messungen ergaben, dass die mit dem Passat beständig von Afrika her nach Amazonien eingewehten Stäube nicht nur der Menge nach die Verluste durch Auswaschung und Abtransport über die Flüsse ausgleichen, sondern dass sie tatsächlich auch die Mineralstoffe enthalten, die die Bäume im Regenwald benötigen. Es sind dies vor allem Phosphate, Kalium und Magnesium, aber auch Kalzium, Eisen und Spurenelemente. Damit können wir, überspitzt formuliert, feststellen, dass große Teile des amazonischen Regenwaldes eigentlich nur auf dem Untergrund stehen, der nahezu nichts mehr nachliefert, was die Wurzeln brauchen würden, mit ihrem Blattwerk aber ähnlich wie mit dem Wurzelwerk Nährstoffe aus der Luft aufnehmen. Die Oberfläche des tropischen Regenwaldes ähnelt in dieser Hinsicht dem Hochmoor. Auch dieses wird aus der Luft ernährt. Der abgestorbene Torf darunter, von den Torfmoosen selbst erzeugt, dient nur noch als Unterlage und Wasserspeicher.

Diese Besonderheit hat selbstverständlich Folgen für die Art der Nutzbarkeit tropischer Regenwälder. Man kann sie nicht einfach abholzen und darauf Mais oder Weizen anbauen. Dass dies auf einem Hochmoor nicht geht, bezweifelt niemand. Bei tropischen Regenwäldern wollen insbesondere Großkonzerne, die mit internationalisiertem Finanzkapital ausgestattet sind, dies nicht einsehen. Davon mehr im zweiten Teil des Buches.

Betrachten wir kurz zusammenfassend, was sich zu Boden, Wasserhaushalt und Mineralstoffversorgung ergeben hat. Erstens zeigte sich, dass die Regenwälder Amazoniens wie auch, das kann hier angefügt werden, ein Großteil der afrikanischen und südostasiatischen Regenwälder, auf Böden wachsen, die nach europäischen Maßstäben unfruchtbar sind. Zweitens hat sich ergeben, dass sich großflächig ausgebildete Regenwälder ihr Regenklima selbst erhalten. Der Niederschlag zirkuliert mehrfach zwischen Wald und Atmosphäre, bevor das Wasser wieder zurück in den Ozean kommt. Drittens sind Orchideen und andere Epiphyten sowie die Epiphylle auf den Blättern kein Luxus, auch wenn manche Orchideenblüte für uns so wirkt, sondern Ausdruck dafür, dass die Hauptquelle der Nährstoffe der Luftweg ist. Da alle drei Bereiche und weitere, nicht behandelte Eigenheiten der tropischen Regenwälder zusammenwirken, stellen sie ein komplexes und in sich sehr geschlossenes ökologisches System dar. In Anbetracht der Größe fallen die Bilanzierungen für Amazonien besonders eindrucksvoll aus: Der Staub aus der Sahara gleicht die unvermeidbaren Verluste aus, die der Amazonas mit seiner gewaltigen Flut von durchschnittlich über 200 000 Kubikmetern pro Sekunde in den Atlantik schwemmt. Wäre unsere Landwirtschaft auch ein so hocheffizient geschlossenes System, würden Elbe und Rhein oder die Donau mit Trinkwasserqualität in die Nordsee bzw. ins Schwarze Meer münden. Und es blieben keinerlei Gift- oder Schadstoffe in Boden und Grundwasser zurück. Recycling, wie man es sich nur wünschen könnte! Wie gingen die Indios in Amazonien damit um?

Menschliches Leben im Regenwald

Die amazonischen Indios waren zwar überwiegend Jäger und Sammler, bevor sie Kontakt mit den Europäern bekamen, und insbesondere jene Stämme, die sich in die Tiefen der Wälder zurückzogen, blieben dies, bis sie von Missionaren, Gummisammlern, Goldsuchern und Siedlern schließlich doch erreicht wurden. Aber neuere Untersuchungen haben ergeben, dass entlang des Amazonas bereits vor Jahrtausenden ziemlich umfangreich Ackerbau betrieben worden war. Schichten von sogenannter schwarzer Erde (*terra preta*) beweisen dies. Dennoch kann von einer großflächigen Kultivierung keine Rede sein. Denn wenn auch die Überschwemmungen des Amazonas nicht in all den Jahrhunderten und Jahrtausenden der jüngeren Vergangenheit das gleiche Ausmaß erreicht haben dürften, weil es global feuchtere und trockenere Perioden gegeben hatte, so war am Amazonas keinesfalls eine Flussoasenkultur wie am Nil möglich gewesen.

Die Funde von *terra preta* decken sich weitgehend mit dem Gebiet, das zur *várzea* gehört, also vom Weißwasser regelmäßig mit frischen Nährstoffen gedüngt wird. Insofern liegen die früheren Schätzungen zur Häufigkeit der Indios in Amazonien wahrscheinlich zu niedrig. Aber von einer dichten Besiedlung wie am Nil bleiben auch die nachgebesserten Werte zur Siedlungsdichte weit entfernt. Umrechnungen auf Menschen pro Quadratkilometer ergeben ohnehin wenig Sinn, wenn die Siedlungen sehr lokal an den Flussufern liegen und das weite Hinterland der *terra firme*-Wälder nur als gelegentliches Streifgebiet oder jahrzehntelang gar nicht genutzt wird. Die Verhältnisse entsprechen jenen in den großen Wüsten, wo sich die Bevölkerung auf die Oasen und bestimmte Täler oder Gebirgsstöcke konzentriert. Durchziehende Karawanen blieben ephemer und für die Weiten der Wüste bedeutungslos. So etwa können wir uns die Verhältnisse in Amazonien als Großraum vorstellen.

So ein Großbild setzt sich aber aus einer Vielzahl kleiner Siedlungen zusammen, die nicht nur an den Flüssen liegen. Manche, insbesondere in den Randgebieten, wo der geschlossene Regenwald in savannenartige Landschaften übergeht, repräsentieren das seit Langem bekannte Muster des Wanderfeldbaus. Kleine Flächen, oft weniger als einen Hektar groß, werden dabei gerodet und zu Pflanzungen umgewandelt. Eigentlich waren es Gartenkulturen, keine Felder im üblichen Wortsinn. Zudem hatte es vor Eintreffen der Europäer die gegenwärtig so wichtigen, weil anspruchslosen und rasch wachsenden Bananen, die keiner weiteren Bearbeitung bedürfen, in Amazonien nicht gegeben. Die wichtigste, möglicherweise an der Peripherie Amazoniens als Kulturform entstandene Nutzpflanze ist Maniok (*Manihot utilissima*). Es lohnt, sie hervorzuheben, weil ihre Bedeutung sehr groß und ihr Zustandekommen als Hauptquelle pflanzlicher Stärke höchst verwunderlich ist. Auch kleine Palmen wurden auf diesen Mini-Rodungen kultiviert. Da sie nicht schon nach wenigen Jahren nutzbare Palmfrüchte liefern, mussten die Indios die Pflanzplätze erst einige Jahre pflegen und sich die Orte genau einprägen, um sie nach Jahren wiederfinden zu können, wenn die Bäume alt genug zum Fruchten waren. Mit Mais ging das Pflanzen verhältnismäßig einfach, aber die Erträge blieben gering, weil Mais bessere Böden zum Wachsen benötigt, als sie in Amazonien vorhanden sind, und mangels eigener Schutzstoffe (Giftigkeit) viele tierische Nutzer (Schädlinge) anzieht.

Diese Hinweise mögen genügen, um anzudeuten, dass die Indios nicht einfach ein Stück Land roden und darauf pflanzen konnten, was sie wollten oder benötigten. Auf mageren Böden ist kein üppiges Wachstum möglich. Und vor allem kein dauerhaftes. Das Wechseln zu neuen, frisch gerodeten Flächen musste alle Jahre oder alle paar Jahre stattfinden, weil die einzelnen Flächen zu schnell ihre geringe Fruchtbarkeit einbüßten. Nur im ersten, vielleicht noch im zweiten Jahr sah es ganz gut aus.

Die Kulturen profitierten von der Art, wie die gerodete Fläche behandelt worden war. Man hatte nicht einfach den Wald entfernt, sondern diesen im Wesentlichen gefällt und dann abgebrannt. Die größeren und großen Stämme blieben liegen. Für sie hätte es ohnehin keine andere Verwendung gegeben. Als Baumaterial wurde lediglich benötigt, was sich als Stütze für die Hütten eignete. Gedeckt wurden diese mit Schichten aus Palmwedeln. Für die Feuer brauchte man Kleinholz. Bevor die Indios Äxte oder dann im 20. Jahrhundert auch benzinbetriebene Kettensägen bekamen, war das Fällen großer Bäume so gut wie unmöglich. Das Holz vieler ist so hart, dass Steinwerkzeuge nichts ausrichten können, außer ringförmig die Rinde einzukerben, was zum Tod des Baumes führt. Es ist voller Einlagerungen, wie Kieselsäure, dass es treffend als Eisenholz oder Axtbrecher bezeichnet und als tropisches Hartholz in außertropischen Regionen hochgeschätzt wird. Mit dem

GABON

Von der Elfenbeinküste im Westen bis zu den Virunga-Vulkanen im Osten überzog tropischer Regenwald die äquatoriale Tieflandsregion Afrikas. „Das Herz der Finsternis" hate der Schriftsteller Joseph Conrad diesen Wald genannt, den der mächtigste Fluss Afrikas, der Kongo, durchzieht. Für die Europäer steckt dieser Wald voller Geheimnisse und Gefahren. Zwergwüchsige Menschen, Pygmäen, leben in den oft sumpfigen, fieberschwangeren Wäldern. Eine Vielzahl von Krankheiten erschwert den Zugang. Aber Afrikaner der Bantu-Gruppe drängten in die küstennahen Wälder und aus den Savannen in den afrikanischen Regenwald. Große Teile davon sind gerodet und in ertragsschwaches Kulturland umgewandelt, in dem stets Fieber drohen, wie das gefährliche Ebola-Fieber. Regenwaldtiere werden als „Buschfleisch" gejagt, was den Kontakt zu Krankheitserregern tierischen Ursprungs fördert. Edelhölzer wie die Okume werden genutzt und exportiert. Anders als im amazonischen Regenwald leben in den Kongowäldern aber auch solch große Tiere, wie Waldelefanten, Büffel und das zu den Giraffen gehörende Okapi. Viele Pflanzen sind auf ihre Wirkstoffe noch nicht untersucht und vielleicht von großer Bedeutung für die Menschheit.

b) Siedlungsdruck – Kongo

Abbrennen der gar nicht wirklich gerodeten, sondern brennbar gemachten Fläche wurden die in der Vegetation gespeicherten Mineralstoffe als Asche freigesetzt. Sie lieferte die Anfangsdüngung für die Pflanzungen auf der Kultivierungsfläche.

Blenden wir kurz zurück zur ökologischen Grundstruktur des tropischen Regenwaldes. Die von den Bäumen monopolisierten Nährstoffe liegen in ihren Stämmen fest. Der Boden enthält sehr wenig davon, und Humus gibt es kaum. Ziel der Nutzung musste es für die Indios daher sein, diese gespeicherten Mineralstoffe freizusetzen. Auf das Verrotten von Hartholz konnten sie nicht warten. Das hätte viel zu lange gedauert. Die einzige Möglichkeit war das schonende Verbrennen, das möglichst wenig Flugasche erzeugte und viel Material halbverkohlt zurückließ. Aus diesem wuschen die Regenfälle nach und nach die Mineralstoffe aus. Gepflanzt wurde mit Grabstock per Hand. Die Kultur sah dementsprechend nicht sonderlich kultiviert aus, erwies sich aber als den Umständen angepasste Nutzungsform. Denn da der Boden nicht flächig bloßgelegt worden war, laugten die Starkregen die Aschen auch nicht gleich aus. Die Herausforderung bestand darin, die Kulturen so zu gestalten, dass das in Jahrzehnten Gespeicherte für ein paar Jahre nutzbar blieb. Zwangsläufig bedeutete dies einen Wechsel der Rodungsflächen in kurzen Zeitabständen. Wanderfeldbau also. Keine Dauerkulturen. Zu bekräftigen ist nochmals, dass die Nutzung für etwa ein Zehntel der Zeitspanne möglich ist, die der Wald zu seiner Entwicklung nötig hatte. Oder ein Hundertstel, wenn es sich um Wald auf extrem magerem Boden handelte. Zwei oder drei Jahrhunderte Waldwachstum gingen an solchen Stellen den zwei oder drei Jahren der Nutzung als Pflanzgebiet voraus.

An dieser Stelle ist es angebracht, auf eine höchst bedeutsame Folge der so beeindruckenden Geschlossenheit der ökologischen Kreisläufe im tropischen Regenwald hinzuweisen: Ein solches System erzeugt keine nutzbaren Überschüsse. Je mehr sich ein ökologisches System dem Gleichgewichtszustand nähert, desto geringer werden die Überschüsse. Landwirtschaft funktioniert nur, auch in der Folgenutzung von Tropenwäldern, wenn sie hohe Ungleichgewichte erzeugt.

Das System des Wanderfeldbaus bleibt dem Kreislaufgeschehen im Regenwald nahe, bricht es aber dennoch auf, indem der Speicher, den der Wald darstellt, kurzfristig mit Feuer geöffnet und für rasches Pflanzenwachstum verfügbar gemacht wird. Dafür eignen sich am besten Pflanzen, die entsprechend schnell wachsen und keine besonderen Ansprüche an Boden und Kleinklima stellen. Sie müssen hohe Sonneneinstrahlung aushalten, Starkregen vertragen und auch für einige Zeit Trockenheit oder Überflutungen widerstehen. Solche Pflanzen unterscheiden sich sehr stark von den typischen Regenwaldarten, insbesondere von den Bäumen. Denn diese wachsen langsam, daher ihr sehr hartes Holz, blühen und fruchten selten und entwickeln die unterschiedlichsten Gifte, die sie vor Tierfraß schützen. Fehlen solche, wie in vielen Nutzpflanzen, die der Mensch anbaut, werden sie zum idealen Futter für eine Vielzahl von Tieren, von den Blattschneiderameisen, die mit zerkauten Blättern dieser Kulturpflanzen in unterirdischen Kammern Pilze züchten, bis zu Raupen verschiedenster Schmetterlinge, Larven von Käfern und natürlich zu Affen und Vögeln.

Der kurzzeitigen Behebung des Nährstoffmangels durch die Brandrodung folgten die Armada der tierischen Nutzer in der Pflanzung und natürlich auch die immense Konkurrenz durch andere Pflanzen, die sich die Nährstoffe und das Licht zum Aufwachsen zunutze zu machen versuchen. Und da Wärme und Feuchte in für das Pflanzenwachstum idealer Kombination gegeben sind, stellt die Pflege der Pflanzung einen andauernden Kampf dar. Das Leben im Regenwald war und ist für Menschen kein Zuckerschlecken. Was in die Pflanzung an Zeit und Mühen zu investieren ist, und vor allem von den Frauen geleistet wird, entspricht bei den Männern dem Zeitaufwand für die Jagd. Denn auch Wild ist rar, und zwar aus den gleichen Gründen. Im weitgehend geschlossenen Kreislauf des Wald-Ökosystems fällt für Tiere wenig ab.

Vergegenwärtigen wir uns: Die gesamte tierische Biomasse macht oft nur wenige Prozent der pflanzlichen, der Phytomasse aus (Seite 107). Davon entfällt die Hälfte oder mehr auf Ameisen und Termiten, die sich als tierische Nahrung für Menschen nicht sonderlich eignen. Raupen, Käfer, Schaben, Motten, Spinnen, Frösche und anderes Kleingetier kommen hinzu. Größere und große Tiere, die als Jagdbeute taugen, bilden den ganz kleinen Rest der ohnehin kleinen tierischen Gesamtbiomasse. Für die indigenen Jäger und Sammler stellt die Jagdbeute eine Ergänzung dar. Sie gleicht mit tierischen Proteinen den Eiweißmangel aus, der bei ihrer stärke- und zuckerhaltigen Grundnahrung zustande kommt. Diese hat vornehmlich die Energie für das tägliche Leben zu liefern. Mit Bananen zum Beispiel und allem, was sonst an Früchten süß und genießbar ist. Ein richtig guter, ergiebiger Stärkelieferant ist der Maniok. Für viele »indianische« Gruppen in Amazonien und auch für die Siedler entlang der Flüsse, die Caboclos, stellt Maniok den »Hauptbrennstoff« in ihrer Ernährung dar.

Aber Maniok ist giftig, sehr giftig. Anders als bei den Kartoffeln wird hier auch aus den Knollen das Mehl gewonnen. Auf komplizierte und zeitaufwändige Weise müssen sie gewässert und entgiftet werden. Spezielle Pressschläuche fabrizieren die Indios hierfür. Es dauert Stunden und Stunden, bis Maniok in ein sägespäneartig grobes Mehl verarbeitet ist und bevorratet werden kann. Maniok steht daher beispielhaft für die Nutzung von Pflanzen als Nahrung. Erst nach sorgfältiger Entgiftung werden sie essbar.

Die einzige größere Ausnahme bilden Früchte. Diese »sollen« verzehrt werden, weil dadurch die Samen verbreitet und im Wald an Stellen getragen werden, an denen sie vielleicht keimen und aufwachsen können. Die bedeutendsten natürlichen Nutzer und Verbreiter der kleineren, sich im Kronenraum entwickelnden Früchte sind Vögel. Große und schwere Samen fallen zu Boden und werden dort von Säugetieren, wie Pekaris oder Agutis, gesucht und fortgeschleppt. Paranüsse zum Beispiel. Dazu müssen die Tiere unentwegt durch den Wald streifen.

Die Lebensweise der Indios als Jäger und Sammler entspricht diesen Verhältnissen im tropischen Regenwald; der kleinflächige Wanderfeldbau auch. Denn er kopiert, was von Natur aus geschieht, wenn ein Sturm einen oder mehrere der Urwaldriesen umwirft. In solchen Lichtungen sprudelt neues Leben geradezu auf, aber nur für kurze Zeit. Dann hat sich die Lichtung geschlossen. Der Wald integriert sie wieder. Die Giftigkeit der allermeisten Pflanzen, auch solcher, die auf Lichtungen aufkommen, verhindert die umgehende Massenentwicklung von Nutzern, wie Raupen, Käfern oder Pflanzenwanzen. So kommt das

Paradox zustande, dass man als Mensch in der schier zeitlosen Dauerhaftigkeit des tropischen Regenwaldes nur mit unsteter Lebensweise existieren kann. Und dazu das Feuer braucht.

Der Feuerplanet – von Brandrodungen und Biodiversität

Menschen brauchen das Feuer. Mehr als jede andere Technik charakterisiert die Nutzung von Feuer die Menschheit biologisch und ökologisch. Biologisch, weil die Nahrung durch Braten oder Kochen bekömmlicher und besser verwertbar gemacht wird. Ohne Fleisch zu braten, hätte wahrscheinlich unser Gehirn nicht die so außerordentliche Größe erreichen können. Ohne die durch Kochen und Braten leichter aufnehmbaren Kalorien aus stärkehaltiger Nahrung könnten wir den Energiebedarf des Gehirns nicht decken. Es kostet uns gut zwanzig Prozent des täglichen Grundumsatzes, obwohl es nur zwei Prozent unserer Körpermasse ausmacht – oder noch weniger. Ökologisch, weil es über den Einsatz von Feuer gelang, die Natur so umzugestalten, dass sie für unsere Bedürfnisse ertragreich geworden ist. Mit dem Feuer erzeugten die Menschen immer wieder Ungleichgewichte. Abbrennen versetzte die Landschaften zurück in einen Ausgangszustand zu neuem Wachstum. Brandrodung schuf aus Wäldern Felder. Möglich ist dies, weil die Erde ihrer Natur nach ein Feuerplanet ist. Nicht die Erde an sich, sondern ihre dünne Bedeckung, die das Leben auf der Erde gebildet hat.

So eine Feststellung mag überraschend, ja abwegig wirken. Sie kennzeichnet aber das irdische Leben in der Tat besser als jede andere Verallgemeinerung. Denn ein Prozess liegt zugrunde, den wir nur dann wahrnehmen, wenn uns buchstäblich die Luft ausgeht. Gemeint ist der Sauerstoff mit seinen knapp einundzwanzig Prozent Anteil, nicht der für unsere Atmung bedeutungslose Stickstoff oder das in unserer Zeit deutlich ansteigende, gleichwohl anteilsmäßig sehr seltene Kohlendioxid. Sauerstoff ist für uns entscheidend. Er erhält die Flamme des Lebens. Wir nennen den Vorgang Atmung. Doch das Einatmen von Sauerstoff und das Ausatmen von Kohlendioxid sind nur die äußerlichen Endvorgänge des entscheidenden inneren Prozesses, nämlich der Verbrennung von Stoffen, die wir als Nahrung zu uns genommen haben. Daraus schöpfen wir die Lebensenergie.

Dieser Vorgang stellt genau die Umkehrung dessen dar, was in den grünen Pflanzen abläuft und Photosynthese genannt wird. Sie erzeugt organische Stoffe, allen voran Zucker, und scheidet dabei Sauerstoff ab. Dieser würde die Erde verbrennen, gäbe es die Schutzmaßnahmen nicht, die sein Eindringen in die Organismen verhindern bzw. auf das geringe, aber nötige Maß beschränken. Die nicht-lebendige Natur ist tatsächlich verbrannt, oxidiert, wie es die Chemiker nennen. Verrostet, können wir auch dazu sagen, wenn eisenhaltiges Gestein betroffen ist. Dass die Atmosphäre der Erde zu mehr als einem Fünftel aus Sauerstoff besteht, ist die Folge der Photosynthese. Sie hat die Erdoberfläche brennbar gemacht. Warum ist dies in unserem Zusammenhang wichtig? Sauerstoff ist in der gesamten Lufthülle vorhanden, von Pol zu Pol. Und gegen das Feuer wirkt bekanntlich Wasser.

Genau dies ist der Ansatzpunkt: Die großen und übers Jahr ohne längere Trockenzeiten verteilten Niederschläge schützen den tropischen Regenwald vor dem Feuer. Er ist von Natur aus unbrennbar. Nicht einmal stärkste Blitze können Waldbrände auslösen, wie in nahezu allen sonstigen Wäldern. Nur die kleinflächig vorhandenen, außertropischen Küstenregenwälder sind ähnlich feuerresistent wie die tropischen Regenwälder. Das macht sie so besonders. Denn brennen kann sogar die arktische Tundra in den Sommermonaten. Alle Grasländer werden von Zeit zu Zeit von Feuern heimgesucht, Trockenwälder selbstverständlich auch. Dass wir unsere Wälder vor Waldbränden schützen, widerspricht ihrer Waldnatur. Es liegt einfach daran, dass sie in Besitz genommen sind und das in ihnen enthaltene Holz Gebrauchs- und Handelswert hat. Zudem sollen Siedlungen, Fluren und Verkehrsstrukturen vor Waldbränden geschützt werden. Langfristig gesehen tut das völlige Verhindern von Bränden den Wäldern aber nicht gut. Diese Erkenntnisse der Feuerökologie werden hierzulande nahezu völlig missachtet, da sie konträr zu den politischen und sozialen Vorgaben stehen. Das ändert aber nichts daran, dass sie zutreffend sind. Und dass kluges Management von Waldbränden wirkliche Katastrophen verhindern könnte, wie sie 2019 beispielsweise in Australien geschahen. Und immer wieder auch im Mittelmeerraum vorkommen.

Die Waldbrände entstehen, weil das Wachstum der Wälder nach und nach zu viel dürres, nicht verrottetes Material am Boden anhäuft. Das zögert die Walderneuerung, die Wiederverjüngung, wie wir sie nennen könnten, hinaus. Wird ein Wald intensiv als Forst genutzt, wirkt die Entnahme von Holz ganz anders als der Waldbrand, weil es aus der Fläche entfernt und damit dem Recycling entzogen wird. Verbrennt man es nicht als Heizmaterial, sondern verbaut man das Holz in Gebäuden, wird das darin enthaltene CO_2 länger gespeichert. Aber die anhaltende Verbrennung von Pflanzenprodukten aus uralten Zeiten der

Erde, Kohle und Erdöl, schickt weit mehr CO_2 in die Atmosphäre, als durch die Verwendung von Holz als Baumaterial gespeichert wird. Deshalb wäre es in unserer Zeit angebracht, wüchsige, also noch nicht fortgeschritten gealterte Wälder wachsen zu lassen, weil sie in ihrem Holz CO_2 speichern.

Mit den tropischen Regenwäldern haben diese Überlegungen sehr viel zu tun. Erstens geht es dort um die Frage, inwieweit ihre Vernichtung durch großflächige Brandrodung auf das Klima der Erde wirkt. Und zweitens gilt es, das Missverständnis auszuräumen, dass sie uns, so man sie unangetastet lassen würde, mit Sauerstoff versorgen.

Als »Grüne Lunge der Welt« werden sie bezeichnet, die tropischen Regenwälder. Doch dieser Vergleich hinkt. Genau genommen ist er falsch. Denn die Lunge gibt Kohlendioxid ab und nimmt Sauerstoff auf. Beim Wald verhält es sich umgekehrt. Sauerstoff wird abgegeben, Kohlendioxid aufgenommen. Aber selbst wenn wir einfach den Gasaustausch meinen, hat der Vergleich erhebliche Schwächen. Gemeint wird ja meistens nicht die Bilanz. Doch um diese sollte es gehen: Nur ein wachsender, an Biomasse zunehmender Wald liefert mehr Sauerstoff, als er selbst über die Abbau- und Atmungsprozesse verbraucht. Ein ausgewachsener, im beschworenen Gleichgewicht befindlicher Wald nimmt weder mehr CO_2 auf, als er selbst freisetzt, noch gibt er Sauerstoff ab, den wir (ver)brauchen könnten. Photosynthese (Aufbau) und Atmung (Abbau) befinden sich ja im Gleichgewicht. Sie heben einander in der Bilanz auf. Wir brauchen die (ausgewachsenen) tropischen Regenwälder also nicht dafür, dass sie uns Sauerstoff liefern.

Dennoch ist ihre Vernichtung für das Globalklima nicht bedeutungslos, nur weil sie im Gleichgewicht sind. Die Abholzung zerstört dieses Gleichgewicht. Sie setzt das an CO_2 frei, was das Wachsen des Waldes in Jahrhunderten oder Jahrtausenden gebunden und gespeichert hatte. Wie die Moore, die seit Tausenden von Jahren CO_2 im Torf akkumulierten, sammelten die tropischen Regenwälder über ähnlich lange Zeiträume Kohlenstoff an. Ihre Abholzung kommt der Verbrennung von Kohle gleich, ohne aber Energie für halbwegs vernünftige Zwecke zu liefern. Darauf ist bei der Behandlung der Folgen der Regenwaldzerstörung zurückzukommen. Die Brandrodungen der Indios, die sie bei ihrem Wanderfeldbau im Regenwald vorgenommen hatten, lassen sich dem kontrollierten Feuer im Herd vergleichen. Die großen Brandrodungen unserer Zeit hingegen stellen destruktive Flächenbrände dar. Sie lassen sich nicht mehr mit nationaler Eigenständigkeit begründen, denn jedes Tropenland, auch ein so riesiges wie Brasilien, ist in die globale Gemeinschaft eingebunden.

Und es gibt einen weiteren, hier noch nicht behandelten Unterschied zwischen den winzigen Brandrodungen der Indios und anderer indigener Ethnien in den afrikanischen und südostasiatischen Regenwäldern und den gegenwärtigen großflächigen Rodungen. Die von den indigenen Völkern verursachten Eingriffe in die Wälder förderten und sicherten deren hohe Lebensvielfalt. Die derzeitige Umwandlung in Weideland, in Plantagen für Ölpalmen, Soja und Zuckerrohr zur Gewinnung von Bioethanol hingegen zerstört Biodiversität. Mit dieser sollten wir uns nun näher befassen, um nachvollziehen zu können, warum die Regenwälder der Tropen auch für die Erhaltung der Lebensvielfalt der Erde eine so herausragende Bedeutung haben.

Teil II: Warum die Regenwälder verloren gehen – und was daraus folgt

Der Mensch und der Wald

Anfang der 1990er Jahre stand ich am Nordrand des Pantanals, des größten Sumpfgebietes Südamerikas, das fast im geographischen Zentrum des Kontinents liegt. Wolkenloser Himmel wölbte sich über den lockeren, sehr niedrigwüchsigen Buschwald. Von Hügelkuppen aus betrachtet, verschwand er im Dunst des Horizonts ohne klare Begrenzung. Weit und breit kein Mensch, nicht einmal Anzeichen von menschlicher Besiedlung. Nichts hatte sich anscheinend geändert im Vergleich zur Zeit von vor zwanzig Jahren, als ich in ähnlicher Position, nur gut hundert Kilometer weiter östlich, die damals erst vor Kurzem »kontaktierten« Xavante aufsuchte, eine Gruppe Indios im oberen Quellflussbereich des Xingú.

Nachdem ich nun gerade das starke Wachsen von Cuiabá, der Hauptstadt des brasilianischen Staates Mato Grosso, gesehen hatte, stellte ich beruhigt fest, dass die Weiten dieses wilden Landes doch noch unberührt geblieben waren. In einer Woche würde ich über sie hinweg bis an den Rand des amazonischen Regenwaldes fliegen, um auf einem Farmgelände die Möglichkeiten zu besprechen, dort umweltverträglichen Naturtourismus zu entwickeln.

Über dem feinen, bläulich getönten Dunst der Täler schwebten Truthahngeier. Durchs Fernglas erkannte ich sie an ihrem stets etwas schaukelnden Segelflug mit flach v-förmig gehaltenen Flügeln. Viel höher als die Truthahngeier schraubten sich mit waagerechter Flügelhaltung bussardähnliche Greifvögel in die Luft. Sie waren für mich zu weit entfernt, um ihre Art erkennen zu können. Über eine kleine Schlucht flogen zwei Tukane. Mit ihren langen, großen Schnäbeln wirkten sie kopflastig. Von irgendwoher vernahm ich die harschen Rufe von Papageien.

Und als ich nach den direkt über mir kreisenden Seglern schaute, die wie unsere Mauersegler aussahen, bemerkte ich plötzlich, dass ich im Regen stand. In einem höchst merkwürdigen Regen, der eher wie ein großflockiger Schneefall wirkte, aber bei 33 Grad Celsius Lufttemperatur natürlich ganz unmöglich war. Den feinen Niederschlag durchsetzten größere Flocken, von denen ich schließlich einige fangen konnte. Ascheflocken waren es. Tatsächlich ähnelten sie Schneeflocken immer mehr, weil sich der Ascheregen verstärkte. Aus völlig blauem, gänzlich wolkenlosem Himmel! Diese Erkenntnis zerstörte jäh mein kontemplatives Betrachten der »endlosen Weiten« von Mato Grosso. Jenseits des vom Dunst verschlungenen Horizonts brannte der Wald, fraßen sich gewaltige Feuer hinein. Feuer, so riesig, dass sie auf Satellitenbildern glutrote Flecken erzeugten. Feuer hier, Feuer dort, von Ostbolivien über Rondônia und Nord-Mato Grosso in den Südosten des brasilianischen Staates Amazonas.

Der leichte, südostwärts gerichtete Wind trug die Ascheflocken über Hunderte Kilometer mit sich. Sogar hinunter bis ins Sumpfgebiet des Pantanal. Es war Südwinter, Trockenzeit, und damit die Zeit der Brände. Nicht nur große Teile des tropisch-subtropischen Südamerika standen mit einer Vielzahl von Feuern in Flammen, sondern auch das südliche

Afrika und Madagaskar. »Der flambierte Planet«, titelte schon vor Jahren der Spiegel. Als im Dezember 1992 in Rio der »Erdgipfel« abgehalten wurde, die UN-Konferenz zur Erhaltung der Lebensvielfalt (Biodiversität) der Erde und ihrer nachhaltigen Nutzung, wurde dank der nun verfügbaren Satellitenaufnahmen klar, dass auf der Südhalbkugel der Erde alljährlich eine Fläche abgebrannt wird, die der Größe Australiens entspricht. Das Flämmen von Savannen, Steppen und Buschland nimmt davon zwar den weitaus größten Flächenanteil ein, aber dass dies Jahr für Jahr geschieht, mindert bei diesen ebenfalls die Fruchtbarkeit, anstatt sie zu fördern, wenn sich zu viel unzersetztes, brennbares Material am Boden angesammelt hat.

Wenige Tage später musste der Flughafen von Cuiabá tagsüber für Starts und Landungen geschlossen werden, weil der Rauch aus nahen Buschbränden die Sicht nahm. Nur noch nachts waren die Positionslichter gut genug erkennbar. Beim Flug nach Brasilia und von dort weiter westwärts in Richtung auf das südliche Amazonien wurden nicht nur die vielen kleineren und größeren Brände sichtbar, sondern auch das Ausmaß der Rodungen für Viehweiden und für den Anbau von Soja. Das Regenwaldgebiet, das ich zu begutachten hatte, lag bereits so sehr den Brandrodungsflächen angenähert, dass der Boden darin staubtrocken war. Zahlreiche Bäume hatten das Laub abgeworfen, auch solche, die eigentlich immergrün sein sollten. Die Waldbäche waren versiegt. Ihr Zustand zeigte, dass sie auch in der Regenzeit kaum Wasser bekommen hatten. Die wenigen Vögel, vorwiegend solche, die wie Papageien und Tukane weit umherschweifen, und die geradezu kläglichen Reste von Affen, Nasenbären und einigen anderen Waldtieren machten es höchst unwahrscheinlich, dass sich das Gelände für den Öko-

Tourismus eignete. Es war bereits zu sehr geschädigt. Die Wirkungen der Brandrodungen eilen ihren Fronten voraus. Sie bereiten die angrenzenden Flächen vor und machen sie brennbar. Da steckt System dahinter.

Ein paar Monate danach war ich mit dem damaligen deutschen Umweltminister Klaus Töpfer in Südostasien, Australien und Neuseeland unterwegs. Töpfers Reise galt der Vorbereitung des Umweltgipfels von Rio 1992. Indonesien war eine wichtige Zwischenstation, weil es auf der UN-Konferenz von Rio auch um die Erhaltung der tropischen Regenwälder gehen sollte. Von Djakarta aus flogen wir nach Borneo, wo uns eine vorgeblich nachhaltige bzw. offiziell als solche anerkannte Regenwaldnutzung vorgeführt wurde. Die großen, wertvollen Stämme wurden dem Wald entnommen, die kleineren blieben stehen, um nachzuwachsen und selbst groß werden zu können. Nachhaltige Forstwirtschaft auf Tropisch, so sollte sich diese Art der Waldnutzung darstellen.

Der kurze Aufenthalt, eingeflogen mit Hubschraubern, bot dazu selbst für durch Vorwissen einigermaßen geübte Augen wenig; zu wenig zum Urteilen. Beim Überfliegen der ausgedehnten Küstenregionen gab es jedoch viel zu sehen: Palmölplantagen, aus der Höhe wie krause Zuckerrübenfelder wirkend, riesige Rodungsflächen und Flüsse voller Schlamm aus abgeschwemmtem Boden. Im Waldgebiet gab es als Höhepunkt dann den Besuch einer Stelle, an der seit langer Zeit, wie lange, wusste anscheinend niemand genauer, unterirdische Kohleflöze brannten. Torf bedeckte sie in dicken Schichten. Aber an der einen Stelle, an die wir geführt wurden, war er aufgebrochen, und aus dem zunehmend heißer werdenden Boden stieg bläulicher, beißend riechender Rauch auf. Den eigentlichen Schlot konnte man ohne spezielle Ausrüstung mit As-

Der Dschungel …

… hat viele Gesichter. Manche zeigen sich unverstellt, anderen müssen wir die Maske abnehmen, die wir ihnen mit Geschichten und Schilderungen verpasst haben. Wie den Tropenwäldern Indiens mit Rudyard Kiplings »Dschungelbuch«. Das darin geschilderte Leben spielt in einem von Menschen seit Jahrtausenden genutzten und veränderten Wald, nicht im Urwald. Aber diese Feststellung soll weder den Reiz dieses zur Weltliteratur zählenden Werkes schmälern, noch den Zauber mindern, der von den Wäldern Indiens mit Elefanten und Tigern, mit den ungemein schnellen und beeindruckend schlauen Affen, den Hanuman-Languren, oder der Vielfalt der Vögel ausgeht, deren prächtigster und lautester der Blaue Pfau ist. Vielmehr zeigt uns der Blick auf diesen klimatisch als Monsunwald zu bezeichnenden »Dschungel« zweierlei sehr Wesentliches. Erstens und am augenfälligsten, dass Menschen in großer Zahl und Natur in großer Vielfalt sehr wohl langfristig miteinander zurechtkommen können, ohne dass das zur Massenausrottung anderer Lebewesen führt. Und zweitens, dass Randbereiche generell in der Natur besonders reich an Arten sind. Denn in den Wäldern Indiens gehen Wald und Offenland intensiv verzahnt ineinander über. Und sie folgen dem klimatischen Trend auf dem Subkontinent von feuchttropischen Lebensbedingungen im Süden bis zu trockenem, im Nordwesten sogar wüstenhaftem Klima.

So leben im indischen Dschungel nicht nur – und durchaus ähnlich wie im Kongoregenwald Afrikas – Indische Elefanten, sondern auch Axishirsche, große Antilopen und sogar Wildschweine, die mit den bei uns lebenden sehr nahe verwandt sind. Es gibt Riesenschlangen und hochgradig giftige Kobras, Echsen, deren Schwanzschlägen man lieber aus dem Weg geht, bunte Vögel in großer Zahl und Schmetterlinge, die mit ihrer Schönheit begeistern. Dank des Monsunklimas mit ausgeprägter Folge von Regen- und Trockenzeiten gibt es in den indischen Wäldern den uns vertrauten Wechsel von Phasen der Fülle und Zeiten des Mangels. Niederschläge und Dürre erzeugen wie bei uns Sommer und Winter.

Hieraus ergeben sich Lebensimpulse vielfältiger Art, die auch die Menschen zu nutzen wussten und dazu passende Kulturen entwickelten. Ein Hauptkennzeichen ist ihre hohe Wertschätzung der Natur; eine Haltung, die anderes Leben als wichtig respektiert und nicht ohne zwingende Not vernichtet. In dieser Hinsicht unterscheidet sich die traditionell indische, von Hinduismus und Buddhismus geprägte Einstellung der Menschen grundsätzlich von den in der sogenannten westlichen Kultur vorherrschenden Haltungen. »Macht euch die Erde untertan« ist für Hindus und Buddhisten unverständlich und maßlos arrogant. Das mag überspitzt formuliert klingen, zeigt sich aber ganz deutlich im Umgang mit Tieren in großen Teilen Indiens. Dass dort Tiger in der Menschenwelt, Leoparden sogar in der Weltmetropole Mumbai leben dürfen, drückt überzeugend die Größe des Unterschieds aus. Die Erde müsste nicht so verarmen an Arten und Lebensvielfalt, würden wir uns mehr auf die indische Haltung zur Vielfalt des Lebens zubewegen.

Doch zurück zum Bild und seiner scheinbaren Unstimmigkeit. Beide Seiten passen nicht

JOHANN BRANDSTETTER
2019

7. Der indische Dschungel

zusammen. Die Tiere der einen sind nicht bloß durch einen Bach von denen der anderen getrennt. Tatsächlich soll die künstlerische Lösung Zusammengehörigkeit und Trennung in einer Szenerie ausdrücken. Die rechte Bildseite bezieht sich nämlich auf Madagaskar. Diese große, lang gestreckte Insel liegt östlich vom südlichen Afrika im Indischen Ozean, also fern von Indien. Doch beide gehörten einst zusammen. Sie waren Teilstücke Afrikas, als dieses noch das Zentrum des gewaltigen Südkontinents Gondwanaland gewesen war. Indien riss davon ab und driftete nordostwärts, bis es auf Asien prallte und das höchste Gebirge der Erde emporschob, den Himalaja. Madagaskar ließ es zurück auf dieser Drift über einen Ozean, Tethys genannt, den es längst nicht mehr gibt. Losgelöst von Afrika und umspült von Meeresströmungen, die aus dem Osten kamen, erhielt es nahezu nichts an Tier- und Pflanzenarten nachgeliefert, die sich in Afrika entwickelten. Madagaskar wurde zu einer eigenen Welt. Ähnliches geschah auch mit Südamerika, dem westlichen Teil von Gondwanaland. Diese tiefe Vergangenheit prägte bis zur Ankunft von Menschen, die nicht aus dem viel näheren Afrika, sondern aus dem indomalaiischen Raum eintrafen – Madagaskar wurde so höchst eigenständig. Mit Halbaffen, vielen Arten von Chamäleons, besonderen Vögeln, phantastisch schönen Schmetterlingen wie dem Uraniafalter *Urania ripheus* und einer Orchidee, dem »Stern von Madagaskar«, deren Nektarsporn so lang ist, dass Charles Darwin voraussagte, es müsse einen Schmetterling geben, einen Schwärmer wahrscheinlich, der einen entsprechend langen Rüssel hat, um an den Nektar zu gelangen und die Blüten dieser Orchidee zu bestäuben.

Die Fossa *Cryptoprocta ferox*, auch Frettkatze genannt, passt in kein Schema für die Katzen und Schleichkatzen Afrikas und anderer Regionen. Dieses größte, gleichwohl nur knapp einen Dreiviertelmeter lange und kaum zehn Kilogramm schwere Tier ist das »größte« Raubtier Madagaskars. Ihr Name trägt einen bitteren Beiklang zu »Fossil«, denn allenfalls etwa zweitausend Fossas leben noch in der freien Natur Madagaskars. Diese wird in beispielloser Geschwindigkeit vernichtet, weil die Bevölkerung explosionsartig wächst. Der tropische Regenwald an der Nordostküste Madagaskars ist besonders betroffen, weil die reichlichen Niederschläge günstigere Verhältnisse für den Ackerbau bieten als die großen, sehr trockenen Regionen im Süden der Insel. Der Kontrast zu Indien, auch im Hinblick auf die Menschen und ihren Umgang mit der Natur, könnte kaum größer sein.

bestisolation nicht erreichen. Das Phänomen war auch aus der nötigen Distanz eindrucksvoll genug: von unten brennender Regenwald und eine Glut, die auch die stärksten Tropenregen nicht löschen können. Welch ein Eindruck hätte die Resilienz des tropischen Regenwaldes besser illustrieren können? Eine Begleiterscheinung wurde uns erst auf dem Rückweg so richtig bewusst: Es gab im Nahbereich des brennenden Kohleflözes keine Landblutegel. Ansonsten sind sie so typisch für die südostasiatischen Regenwälder wie kaum ein anderer tierischer Organismus.

Zu diesen beiden so kontrastierenden Verhältnissen gesellen sich gänzlich andere Eindrücke aus dem afrikanischen Regenwaldbereich. Denn in den Erinnerungsbildern zu den südamerikanischen Erlebnissen mit dem Ascheregen und den Bränden, die sich nach Amazonien hineinfressen, fehlen Menschen. Siedler in größerer Zahl traf ich in den 1980er Jahren im peruanischen Amazonasgebiet am Fuß der Anden an, aber sie waren damals noch nicht zahlreicher als die Indios. Auch im »nachhaltig genutzten« Regenwald von Borneo sahen wir außer den Holzarbeitern niemanden, und dies, obwohl wir aus der überquellenden Metropole Djakarta in eine dem Eindruck nach kaum weniger dicht besiedelte Provinzstadt gekommen waren, von der aus die Hubschrauberflüge starteten. In Afrika verhielt es sich anders. Dort wimmelte es vor Menschen am äußersten Ostrand der tropischen Regenwälder Afrikas, dem Kakamega-Forest von Kenia in der Nähe des Victoriasees. Wie auf Prozessionen waren Menschen entlang der Straße unterwegs, zu Fuß oder mit Fahrrädern, mit allerlei Bündeln bepackt und mit Kindern aller Größen. Wie bereits ausgeführt, liegt die Siedlungsdichte der Menschen in den beiden zentralafrikanischen Kleinstaaten Ruanda und Burundi mehr als doppelt so hoch wie in Deutschland, im Kongogebiet aber viel niedriger. Dieses hat Johann Brandstetter bereist. Seine Eindrücke fügen sich bestens in das globale Schema, das sich aus der vergleichenden Betrachtung der drei tropischen Großregionen ergibt: Er berichtet:

»Es war schon Nacht, als ich beim Landeanflug aus dem Fenster blickte. Kinshasa, die Hauptstadt der Demokratischen Republik Kongo, lag wie ein unendliches Lichtermeer in der Dunkelheit. Sie sah aus, wie eine Großstadt eben aussehen muss. Doch kurz bevor die Maschine am Rollfeld aufsetzte, erkannte ich, dass es sich nicht um die übliche Straßen- und Häuserbeleuchtung handelte. Es waren tausende kleine Lagerfeuer, die die Stadt erleuchteten.

Kinshasa zählt geschätzte 12 Millionen Einwohner und gehört zu den größten Städten der Welt. Geschätzt deshalb, da die Stadt ohne klare Außengrenzen in die besiedelten Randgebiete übergeht. Nach einer Stunde Fahrt ins Hinterland hat man das Gefühl, die Stadt noch immer nicht verlassen zu haben. Dicht an dicht drängen sich die Hütten, dahinter beginnt schon der Wald. Auf den Straßen tummeln sich die Menschen, und überall herrscht lebhaftes Treiben; nur allmählich lichtet sich das Getümmel. Und vor jeder Hütte ein Lagerfeuer.

Da es in diesen Bezirken am Rand der Straßen keine funktionierende Stromversorgung gibt, weiß man sich hier anders zu helfen: Man holt sich Brennholz aus dem umliegenden Wald. Und das ist, wie man sich vorstellen kann, eine Unmenge. Wer sich unter Kongo einen undurchdringlichen »Dschungel« vorstellt, liegt hier ziemlich falsch. Rund um Kinshasa gab es wahrscheinlich nie richtigen Regenwald, es handelt sich eher um eine Feuchtsavanne, durchsetzt mit Galeriewäldern, die sich durch den Holzhunger der wuchernden Stadt immer mehr lichten.

Der geschlossene Regenwald beginnt erst viele Hundert Kilometer nördlich und östlich.

Noch wesentlich komplizierter stellte sich die Situation im Osten des Kongos dar. Zusätzlich zum stetig wachsenden Bevölkerungsdruck schwelt hier seit vielen Jahren ein grausamer Bürgerkrieg. Und ausgerechnet hier befindet sich einer der ältesten Naturparks der Welt: der Virunga-Nationalpark. Ich hatte ihn nach einem äußerst abenteuerlichen dreistündigen Inlandsflug von Kinshasa nach Goma über Kisangani erreicht.

Es ist mit Sicherheit einer der schönsten Orte Afrikas und jedenfalls einer der schönsten Orte, die ich je gesehen habe. Üppiges Grün auf tiefschwarzen Lavaböden, eine fast parkähnliche Landschaft mit baumhohen Kandelaber-Euphorbien. In höheren Bergregionen werden sie abgelöst von den skurrilen Lobelien und anderen Riesenblumen, die eine ganz eigene Art von Bergregenwald bilden. Dort taucht man in eine völlig andere Welt ein. Im Hintergrund ragen, aufgereiht wie auf einer Perlenschnur, die perfekten Silhouetten der acht Virunga-Vulkane auf; darunter der gleichförmige und ständig aktive Nyiragongo mit seiner steten Rauchsäule. In ihrer Mitte schimmert silbern der Kivusee. Die Flanken der Vulkane sind die Heimat der letzten Berggorillas. Weiter östlich geht die Landschaft in die typische afrikanische Savanne über. Hier sah ich Löwen, Moorantilopen, Büffel und Unmengen an Flusspferden. Nach Westen fällt das Gelände fast tausend Meter tief ab bis fast auf Meeresniveau. Dort beginnt der dichte Ituri-Wald, in dem so außergewöhnliche Tiere wie das Okapi und der Kongopfau leben.

Auf kleinstem Raum kann man hier fast alle Landschaftsformen Afrikas erleben. Dementsprechend reich ist auch die Artenvielfalt des Nationalparks, wie man sie kaum anderswo in Afrika erleben kann. Einer der Ersten, der die Bedeutung dieses Gebietes bereits vor über fünfzig Jahren erkannte und für seine Erhaltung kämpfte, war der deutsche Zoologe, Naturfilmer und Direktor des Frankfurter Zoos Bernhard Grzimek.

Aber dieses Paradies ist bedroht. Der Virunga-Park ist nicht nur einer der schönsten und ältesten Nationalparks der Welt, sondern gleichzeitig auch einer der gefährlichsten. Hier beherrscht mittlerweile eine gewaltbereite Miliz das Geschehen. Elfenbeinschmuggel und illegaler Holzeinschlag für die Herstellung von Holzkohle sind ein sehr einträgliches Geschäft. Die Nachfrage nach Holzkohle ist immens. Wo sich zuvor uralter Regenwald erstreckte, dehnt sich nun verbrannte Erde aus. Umso erschreckender ist, dass all dies mitten im Nationalpark geschieht. Die Wilderei verschont auch die Gorillas nicht. Wilderer schrecken nicht davor zurück, eine ganze Gruppe Gorillas zu erschießen, nur um an ein Gorilla-Baby zu kommen. Man kann damit Millionenbeträge verdienen. Die wenigen Ranger, denen die Aufsicht des Parks anvertraut ist, werden kaum damit fertig. Oft genug kommt es zu Schießereien. Sie wissen um die Gefährlichkeit ihres Berufes, doch die feste Bezahlung macht das Risiko für sie wieder wett. Ohne sie wäre der Nationalpark vollkommen verloren.

Eine weitere Gefahr steckt im Boden selbst. Das seltene Mineral Coltan, das man für Handys und Spielekonsolen benötigt, wird von versklavten Minenarbeitern abgebaut und führt so nicht nur zur ökologischen, sondern auch zur humanitären Katastrophe. Und immer stecken europäische Firmen dahinter, die der kongolesischen Miliz den Coltanabbau und ihren Krieg mitfinanzieren. Wer dort gerade gegen wen kämpft, ist praktisch unüberschaubar. Die Verlierer stehen indessen fest: Neben Frauen und Kindern, die immer am meisten unter solchen Konflikten zu leiden haben, ist es die Natur, die dabei gnadenlos zerstört wird.

Ich habe das Kivu-Grenzgebiet zwischen Ruanda und Kongo mit dem Virunga-Nationalpark im Jahr 1989, noch vor dem Genozid an den Tutsi, bereist. Seitdem hat sich dort die Lage für den Naturschutz weiter verschlechtert. Doch glücklicherweise ist es nicht überall im Kongogebiet so hoffnungslos. Trotz großer Schwierigkeiten entwickelt ein anderes kleines Land langsam ein Bewusstsein für den Naturschutz: das Nachbarland Gabun. Doch auch dort bleibt es noch ein langer, schwerer Weg hin zu wirkungsvollen und nachhaltigen Schutzmaßnahmen.

Auch Gabun gehört zum Kongogebiet und bildet den westlichen Teil des riesigen zentralafrikanischen Waldgürtels. Wir wollten die Albert-Schweitzer-Station in Lambarene am Ufer des Ogooué besuchen und fuhren von der gabunischen Hauptstadt Libreville in einer fünfstündigen Fahrt nach Lambarene quer durch den Regenwald. Schweitzer gründete 1913 in Lambarene sein berühmtes Urwaldspital für Leprakranke, das er bis in die 1960er Jahre selbst führte. Nach seinem Tod 1965 verfiel es, wurde aber 1981 wieder neu aufgebaut. Mein Freund Andreas, der in der deutschen Botschaft arbeitete, lenkte seinen Geländewagen über die abenteuerliche Rüttelpiste, die sich durch die dunkle Wand der triefnassen Waldsilhouette schlängelte. Das Botschaftsnummernschild des Geländewagens half uns immer wieder dabei, ungehindert die Schlagbäume zu passieren, die wie aus dem Nichts auftauchten und von mit MPs bewaffneten, wenig vertrauenerweckenden Gestalten bewacht wurden. Als sie das Botschaftsschild erkannten, wurden wir aber immer durchgewunken.

Unterbrochen wurde die Piste durch tiefe Fahrrinnen, in denen sich riesige Schlammlöcher gebildet hatten. Nur ein schnelles, mittiges Durchfahren konnte verhindern, dass die Räder seitlich abrutschten, was unweigerlich zur Folge gehabt hätte, im lehmigen Untergrund stecken zu bleiben. Bei jeder kleineren Pfütze, die wir durchquerten, flogen wie Flitter ganze Schwärme von bunten Schmetterlingen auf. Das durchdringende Zirpen der Zikaden schallte aus dem dunklen Waldinneren. Ein schwerer, süßlicher Duft hing in der Luft. In der Ferne hörte man das dumpfe Grollen eines tropischen Gewitters.

Als wir durch eines der Dörfer fuhren, die sich hier am Rande der Straße angesiedelt hatten, sahen wir aus dem Augenwinkel auf einer einfachen Holzanrichte einen großen, bunten Affen hindrapiert sitzen. Andreas hielt an und legte den Rückwärtsgang ein, wir fuhren zurück und stiegen aus. Der tote Affe zeigte eine tiefe Schusswunde in der Brust. Wir rätselten, um welche Art es sich handelte, ob es eventuell ein Drill sein könnte. Aber er hatte ein helles Gesicht. Es war ein junges Mandrillmännchen, noch nicht ganz ausgefärbt. Mandrills sind nur in den geschlossenen Wäldern Gabuns und der Zentralafrikanischen Republik verbreitet und gelten als gefährdet. Als wir den Schützen ausfindig machten, erklärte er uns, dass die »Affenbande« seine Pflanzungen zerstört hätte und er ihn schließlich erschießen musste, um seine Ernte zu retten.

Das Land Gabun möchte sich zwar mehr für den Naturschutz engagieren und sich nach dem Vorbild Costa Ricas dem sanften Naturtourismus öffnen, scheitert aber bislang an fehlender Infrastruktur und der Lebensrealität seiner armen Bevölkerung. In den zentralafrikanischen Wäldern taucht, immer wenn man glaubt, man befindet sich in einem unberührten Waldgebiet weitab von jeglicher Zivilisation, unverhofft eine dieser kleinen Siedlungen auf, in der sich entlang der Piste Menschen niedergelassen haben. Denn ist erst einmal eine Schneise in den Wald getrieben, ziehen Menschen nach. Und das hat Folgen.

Man lebt hier ein sehr einfaches Leben in Lehmhütten mit Wellblechdächern. Auf oft winzigen Feldern werden Maniok und bisweilen auch Kochbananen angebaut. An vielen Orten beginnen die ohnehin kargen Böden zu erodieren. Zum Überleben gehen die Menschen in den Wald, holen sich Brennholz und fällen Bäume, was in den Naturschutzgebieten eigentlich verboten ist.

In jedem Dorf wird dem Durchreisenden sogenanntes Buschfleisch angeboten, das im Wald erjagt wurde. Die Tiere werden meist auf einen Stock gehängt, der schräg in einer Regentonne steckt, so dass man sie im Ganzen sieht. Oft werden sie zur Konservierung vor der tropischen Hitze ins Feuer geworfen und angekohlt. Schuppentiere und kleinere Antilopen werden meist ausgeweidet und aufgeklappt aufgespießt. Einen schauerlichen Anblick bieten kleinere Affen, die meist mit dem Schwanz um den Hals verknotet ins Feuer geworfen und dann wie Tragetaschen auf den Stöcken hängend feilgeboten werden. Mir drängte sich dabei immer der Gedanke an kleine verbrannte Kinder auf.

Natürlich essen die Einheimischen lieber Buschfleisch als etwas anderes. Sie haben auch kaum eine andere Wahl. Gabun hat wenig landwirtschaftliche Nutzfläche, die auch meist nur schlechte Erträge hervorbringt. Rinderzucht ist aufgrund des Klimas, von Krankheiten und fehlenden Weidegründen unmöglich. Schweine werden nicht gehalten, weil die meisten Gabuner Muslime sind. Bleiben also nur Hühner. Man kann aber die mageren und sehnigen Hühner dort nicht mit unseren fetten, saftigen Masthühnchen vergleichen. Erst nach stundenlangem Kochen taugen sie zum Verzehr. Die Hühnerzucht alleine kann den notwendigen Eiweißbedarf der Bevölkerung also nicht decken. Importiertes Fleisch ist sehr teuer, die Jagd hingegen kostet nur die Patrone. Gewonnen werden dabei nicht nur Fleisch, sondern auch Pelze und Häute sowie das Horn von Antilopen. All dies lässt sich dann auch gewinnbringend verkaufen, vor allem an Ausländer.

Die Lebenssituation der Menschen spielt dabei eine große Rolle. Man lebt notwendigerweise ganz selbstverständlich vom Wald. Jeder, der hier in den »Busch« geht, hat ein Gewehr dabei oder zumindest eine Machete, Kinder eine Schleuder. Die Leute gehen ja nicht nur zum Jagen in den Busch, das ergibt sich oft einfach nebenbei. Etwa auf dem Weg ins Nachbardorf, der auf engen Pfaden durch den Wald führt. Und der Wald liefert schließlich alles: Obst, Wurzeln, Medizin oder Baumaterial. Warum also nicht auch mal eine Gazelle oder einen Affen erlegen?

Neben der fortschreitenden Dezimierung des Wildbestandes birgt dies jedoch weitere Gefahren. In den Wäldern schlummern zahllose Tierkrankheiten, die auch auf den Menschen überspringen können. Je mehr die Menschen in den Wald eindringen, desto wahrscheinlicher wird es, einem potenziell gefährlichen Virus zu begegnen. Wo der Wald in Ruhe gelassen wird, sinkt auch das Risiko, dass sich Menschen infi-

zieren. Bekannte Zoonosen wie das HI-Virus und Ebola, aber auch Malaria, Zika- und Denguefieber stammen aus diesen Wäldern. Die aktuelle SARS-CoV-2-Pandemie macht uns einmal mehr schmerzlich klar, wie schnell solch ein Erreger unser gewohntes Leben aus der Bahn werfen und den ganzen Globus für sich vereinnahmen kann.

Völlig anders gestaltet sich die Zerstörung des Regenwaldes im asiatischen Malaysia. Hier sind die Urbanisierung und der groß angelegte Raubbau an Edelhölzern sowie das Anlegen von Palmölplantagen das Hauptproblem.

Bereits 1985 besuchte ich zum ersten Mal die Halbinsel Malaysia. Ich war begeistert von der Ursprünglichkeit und Schönheit der dortigen Wälder. Bei einem Ausflug mit Freunden an die ursprüngliche Ostküste durchquerten wir das Land von West nach Ost. Damals gab es nur eine einzige Straße, die von Kuala Lumpur nach Mersing führte. Und die war abenteuerlich genug: Die asphaltierte Straße führte über das Hochland und war übersät mit tiefen Schlaglöchern, so dass man sich auf längerer Fahrt den Kopf am Dach des Wagens langsam weich klopfte. Nachts ruhten Büffel auf der noch aufgewärmten Straße. Plötzlich tauchten sie im Scheinwerferlicht auf, was dem Fahrer ein schnelles Reaktionsvermögen abverlangte. Bei den schon schlummernden Beifahrern verursachte dies ebenfalls einen heftigen Adrenalinstoß, auch bei mir. Im Morgengrauen hörte man bereits die durchdringenden Rufe der Gibbons. Auf den Waldpfaden kreuzten immer wieder riesige Bindenwarane, die sich wenig scheu zeigten und zu uns herüber züngelten. Es war ein erhebendes Gefühl, als die Sonne aufging und sich langsam die Nebelschwaden über den Baumwipfeln auflösten. Der ganze Norden des Landes schien damals noch ziemlich unberührt.

2007 bereiste ich Malaysia ein zweites Mal. Ich war überrascht, wie sich dieses Land in den wenigen Jahren entwickelt hatte. Kuala Lumpur war zu einer modernen Millionenmetropole geworden, überragt von den silbern glitzernden Petronas Towers und dem Menara-Fernsehturm. Die romantischen Chinatowns mit ihren Garküchen, wo man für wenig Geld köstliches Essen bekommen hatte, waren alle verschwunden.

Eine trostlose Kulisse bot jedoch der Norden des Landes, den ich anschließend erwartungsvoll bereiste. Dort, wo sich vor etwas mehr als zwanzig Jahren das Mosaik des Regenwaldes aus den verschiedensten Abstufungen von Grün über die sanften Hügel der nördlichen Provinz Perak geschmiegt hatte, waren fast nur noch frisch angelegte Ölpalmplantagen zu sehen. So weit das Auge reicht, standen sie da wie riesige Ananasfrüchte, in gleichmäßigen Reihen, als wären sie eine Soldatenarmee. Dazwischen wuchs nicht einmal ein Grashalm aus dem blanken roten Boden. Intakten Regenwald fand ich fast nur noch im Nationalpark Taman Negara und in Teilen des Bergregenwaldes der Cameron Highlands vor.«

Wie die Vernichtung der tropischen Regenwälder begann

Nach der Einstimmung durch diese persönlichen Eindrücke soll nun genauer auf die Ursachen der Zerstörung der Regenwälder sowie ihre Folgen eingegangen werden. An den Anfang ist das Auto zu stellen. Mit seiner Entwicklung begann die systematische Vernichtung tropischer Regenwälder. In den Zeiten vor der Auto-Mobilität gab es zwar umfangreiche und lang anhaltende Nutzungen, aber keine großflächigen

Rodungen. Das ist für den Wanderfeldbau im Regenwald bereits ausgeführt worden (Seiten 133 ff.). Bei der näheren Betrachtung Südostasiens wird der grundlegende Wandel deutlich, der mit Beginn der Autozeit einsetzte. Doch sehen wir uns vorher die Entwicklung kurz chronologisch an. Das Auto wurde zum Erfolgsmodell, als es auf mit Gummi bereiften Rädern fahren konnte. Die Alternative, die Eisenbahn, fährt auf Eisenrädern und speziell dafür verlegten Schienen. Sie ist nicht geländegängig. Sie kann nur dorthin fahren, wohin die Gleise führen. Trassen brauchen beide. Aber dank der Gummibereifung ist das Auto in der Lage, auf offenes Gelände zu wechseln. Es kann Pisten befahren und erschließt damit die Fläche. Beide Verkehrsmittel waren von Anfang an Konkurrenten. Dass das Auto trotz aller Vorzüge, die die Eisenbahn beim Massentransport von Menschen und Gütern bietet, buchstäblich das Rennen machte, lag am tropischen Regenwald. Genauer, am amazonischen, denn in diesem kommen natürlicherweise die »Gummibäume« vor. Es sind dies Bäume, die einen sich zu Kautschuk verdichtenden Milchsaft führen. Die bekannteste und bedeutendste Art ist der Brasilianische Kautschukbaum *Hevea brasiliensis.*

Amazonische Indios wussten, dass aus angeritzter Rinde dieser Bäume Milchsaft fließt. Dieser lässt sich am Feuer zu Ballen formen, zu »Gummi« härten und zum Ballspiel verwenden. Das Besondere an dieser Substanz, im gehärteten Rohzustand Kautschuk genannt, besteht darin, dass sie sich bei weiterem Erwärmen zusammenzieht und nicht ausdehnt, wie das bei so gut wie allen Materialien der Fall ist. Der Grund dafür ist den Chemikern längst bekannt. Mit zunehmender Erwärmung gehen die Großmoleküle im Kautschuk mehr Verbindungen untereinander ein. Dadurch schrumpft ihr Gesamtvolumen, anstatt sich wie beim Erwärmen von Wasser oder Metallen auszudehnen. Nun entsteht aber, wie man auch ohne spezielle Kenntnisse in Physik und Chemie aus eigener Erfahrung weiß, bei Reibung Wärme. Das zur Autobereifung verwendete Gummi wird beim Fahren warm und der Reifen damit fester; eine Eigenschaft, die man nicht hätte ersinnen können ohne die Vorkenntnis, dass sich bestimmte Großmoleküle unter besonderen Bedingungen so verhalten – und nutzen lassen. Gummi war und ist es, was die Autos flott macht. Dass man damit auch spielen und Fußbälle formen kann, war ein Nebeneffekt, der aber, auch das ist es wert, betont zu werden, dem Fußball zum Durchbruch und zu seinem globalen Erfolg verholfen hat. Tropischer Regenwald steckt in diesen beiden weltbewegenden Erfindungen und vielen weiteren.

Der Kautschukbaum wächst wild in Amazonien, und zwar vornehmlich dort, wo die Niederschläge im Jahr besonders hoch sind und über alle Monate des Jahres verteilt fallen. Das ist vor allem in Oberamazonien der Fall, vom Randbereich der Anden etwa bis zum Zusammenfluss von Oberem Amazonas (Solimões) und Rio Negro. Dort liegt, an einem ausreichend hohen Ufer des Rio Negro, Manaus, die Kapitale Amazoniens. Das Auto hatte die Stadt um die Wende vom 19. zum 20. Jahrhundert reich und zur Weltstadt gemacht. Davon zeugt bis heute das grandiose Opernhaus. In diesem traten Weltstars jener Zeit auf. Es heißt, die Vornehmen von Manaus, und es gab deren viele, ließen ihre Wäsche in Paris waschen, damit sie entsprechend frisch per Schiff geliefert wurde und im feuchtheißen Amazonasklima nicht vermoderte.

Grund für den Reichtum war der Gummiboom in jener nur gut ein Jahrhundert zurückliegenden Zeit. Aus allen Regionen des zentralen

Südsee. Erweckt nicht die bloße Erwähnung schon Vorstellungen von paradiesischen Zuständen? Sie tragen klangvolle Namen, wie Bora Bora, Tahiti, Fidschi, Tonga und Samoa. Maler wie Gauguin erlagen ihrem Zauber, aber auch Wissenschaftler und Millionen von Urlaubern, die sich nichts Besseres vorstellen können, als die schönsten Wochen des Jahres an Stränden von Tropeninseln zu verbringen. Mit farbenprächtigen Sonnenuntergängen unter Palmen am Strand, mit duftenden Blüten und vom Meer gemilderten Tropentemperaturen. In unserer Zeit sind sie die Verkörperung der antiken »Inseln der Seligen« bzw. des »Arkadiens« der Romantik.

Bald gehen sie unter, die kleinen Paradiese, so die Prognosen zur Erwärmung des Klimas, weil der Meeresspiegel steigt und sie verschlingen wird. So mischt sich zunehmend bittere Süße in die Vorstellungen von den Tropeninseln. Teilweise berechtigt, vielfach aber unberechtigt. Bedroht sind zwar viele Koralleninseln, die sich nur wenig über den Meeresspiegel erheben – doch gerade die oben genannten, besonders bekannten Inseln und auch zahlreiche andere gefährdet der Massentourismus weit mehr als ein steigender Meeresspiegel. Denn sie erheben sich als Berge aus dem Meer. Als Gipfel von erloschenen oder auch noch aktiven Vulkanen zumeist.

Mit einer großen Ausnahme, und das sind die Seychellen. Ihnen gebührt die zentrale Position im Bild. Sie sind einmalig und keinesfalls ersetzbar durch irgendein Südseeparadies oder die ebenfalls im Indischen Ozean liegenden Malediven. Warum diese Besonderheit? Das verrät nicht der erste Blick, den die Riesenschildkröte und die zauberhaften Feenseeschwalben auf sich ziehen. Und auch noch nicht andere Details im Panorama, das in künstlerischer Freiheit hinausgreift und überleitet zu den fernen Fidschi-Inseln im Pazifik, in der Südsee. Sie steigen als Gebirgsmassiv links im Hintergrund empor. Auf das rechtsseitige Gegenstück kommt es aber an. Da ist Granit zu sehen; Granit in Form riesenhafter, deutlich gerundeter Felsblöcke. Granit, den es in gleicher Form auch in Brasilien gibt. Als »Zuckerhut« schmückt so ein Granitberg die Einfahrt in die Bucht von Rio.

Weit weniger bekannt sind die Vorkommen dieses Granits in Afrika, auf Madagaskar und in Indien. Gondwanagranit ist es, der kennzeichnende Fels des Urkontinents Gondwanaland. Die zentralen Seychellen bestehen aus genau diesem Granit. Was er besagt, ist eindeutig, auch wenn es vielen Menschen schwerfällt, sich vorzustellen: Die Seychellen sind mit ihrem Granit so etwas wie der einstige Nabel, an dem der Ostteil von Gondwana in drei Teilstücke zerrissen worden war. Vor vielen Jahrmillionen im Erdmittelalter. Das kleinste Stück driftete etwas nach Süden und Osten. Madagaskar ist daraus geworden. Seine Nordspitze liegt etwa tausend Kilometer von den Seychellen entfernt. Viel stärker verdriftete der andere Teil, der zu Indien wurde und an Asien andockte. Dabei türmte es den Himalaja auf. Afrika blieb westlich davon, entfernte sich im Lauf der Jahrmillionen aber auch um mehr als tausend Kilometer von diesem übrig gebliebenen Nabel, den Seychellen. Sie sind damit »kontinentale« Inseln, keine vulkanisch aus dem Meer aufgestiegenen wie Fidschi.

Auf den Seychellen leben daher zahlreiche, sehr urtümliche Lebensformen. Sie lassen uns

Birgus latro
Samoa Flughund – Pteropus samoensis
GARDENIA TAHITENSIS
Cocos nucifera
Pandanus multispicatus

8. Tropeninseln

wie durch ein Zeitfenster hineinblicken in eine ferne Vergangenheit. Erstaunlicherweise gehören die Riesenschildkröten nicht dazu, obgleich sie so aussehen, als hätten sie noch die Zeit der Dinosaurier erlebt. Vielmehr gelten sie als Beispiel für den sogenannten Insel-Gigantismus, das Gegenstück zur Insel-Verzwergung. Der Gigantismus kommt zustande, wenn die betreffenden Arten langsam wachsen und lange Zeiten untätig ruhend überdauern können. Schildkröten sind dafür am besten geeignet, weil sie monatelang ohne Nahrung und wochenlang ohne trinkbares Wasser auskommen können. Sie überbrücken mit dieser Fähigkeit ungünstige Zeiten, werden alt und häufig auch besonders groß. Insel-Verzwergung tritt insbesondere bei Säugetieren auf, deren Stoffwechsel viel Nahrung benötigt. Kleinere Formen überleben dann besser als große, wenn längere Zeit Mangel herrscht. Einst gab es Zwergelefanten auf Mittelmeerinseln. Die »Inseltiger« unserer Zeit von Sumatra und Bali sind erheblich kleiner als die Sibirischen Tiger. Beispiele dafür gibt es in großer Zahl.

Die Seychellen bieten aber auch Anschauungsunterricht ganz anderer Art. Auf ihnen gibt es besonders markante Vogelarten, wie den tief kobaltblauen Paradiesschnäpper, dessen Männchen im Verhältnis längere Schwanzfedern als der Pfau entwickeln, oder die stets verträumt und überaus zutraulich wirkenden, schneeweißen Feenseeschwalben mit ebenfalls kobaltblauem Schnabel. Diese leben wie die langschwänzigen Tropikvögel auch auf vielen anderen Inseln in tropischen Ozeanen. Sie sind, wie die meisten Meeresvögel, Weltbürger. Nahestehende Verwandte haben die Seychellen-Paradiesschnäpper in Indien. Andere Vögel kamen von Madagaskar. Wie auch viele der Echsen- (*Mabuya seychellensis* im Bild oben) und Pflanzenarten. Sie zeigen damit, dass es die Meeresströmungen im Indischen Ozean waren, die entscheidend bestimmten, welche Arten die Seychellen erreichen. Und nicht die Nähe Afrikas, von wo weder Meer noch Winde Tiere und Pflanzen herüberbringen.

Daher wissen wir auch nicht, woher die Vorfahren der Seychellen-Kokosnuss stammen. Sie ist die beeindruckendste Pflanze dieser Inseln. Ihre Früchte, geformt als Doppelnuss, sind die größten und schwersten der ganzen Pflanzenwelt. Die Palme wächst auf der Insel Praslin in einem Tal, genannt Vallé de Mai. Die »echten« Kokosnüsse sind global über die Tropenstrände verbreitet. Ihnen folgte der größte der an Land gehenden Krebse, der Palmendieb. Die südostasiatische Schraubenpalme Pandanus kommt auch auf vielen Südseeinseln vor. Diese sind erdgeschichtlich jung, vulkanischen Ursprungs und voller unterschiedlicher, aber erst in jüngerer Vergangenheit entstandener Vogelarten. An Säugetieren erreichten vor allem die sich von Früchten ernährenden Flughunde die weit im Meer verstreut liegenden und zumeist kleinen Inseln. Krankheiten gab es auf ihnen praktisch keine, bevor die Europäer und US-Amerikaner eindrangen, solche einschleppten und sogar Atombomben im Paradies explodieren ließen. Nirgendwo sonst sind in den letzten Jahrhunderten so viele Arten ausgestorben wie ausgerechnet auf den paradiesischen Inseln.

und westlichen Amazoniens lieferten Gummisammler, die Seringueiros, den Rohkautschuk nach Manaus. Von dort transportierten ihn hochseetüchtige Schiffe nach Europa und Nordamerika. Je mehr die Gummisammler lieferten, desto besser verkauften sich die Autos, und umso höher stieg der Gewinn der »Gummibarone«. Sie schwelgten im Luxus in der »Grünen Hölle«, die der amazonische Regenwald für die Gummisammler tatsächlich war. Für die Händler aber stellte er eine ungleich ergiebigere Goldgrube dar als die tatsächlichen Gruben an den Rändern Amazoniens, in denen Gold geschürft wurde.

Der Film »Fitzcarraldo« von Werner Herzog charakterisiert die Gummizeit höchst eindrucksvoll und zutreffend. Er spielt noch tiefer im Zentrum der Kautschukgewinnung, im amazonischen Teil von Peru mit Iquitos als Kapitale, der (damals) kleinen Schwester des großen Manaus. Die Bedeutung von Iquitos wuchs, weil die Umgebung von Manaus bald übernutzt war, sodass sich die Suche nach den anzapfbaren Gummibäumen immer weiter nach Westen bis ins besonders schwer zugängliche Andenvorland verschieben musste. Doch weder Brasilien noch Peru erkannten die Zeichen. Die Wege der Kautschuksammler wurden immer länger, die Bestände der Gummibäume zunehmend weniger ergiebig. Die Indios, die oft wie Sklaven gezwungen wurden, die Bäume anzuzapfen und den Rohgummi zusammenzutragen, starben an Infektionskrankheiten, die von den Europäern mitgebracht worden waren. Viele wurden zu Tode geschunden. Die Ausbeutung hatte eine neue Dimension angenommen. Nur der ungebrochen wachsende Bedarf kompensierte die immer größeren Mühen. Bis der Zusammenbruch mit geradezu urplötzlicher Gewalt kam und den Rohkautschuk aus Amazonien fast zur Bedeutungslosigkeit absinken ließ.

1876 war es dem Briten Henry Wickham gelungen, Samen von *Hevea brasiliensis* aus Amazonien nach England zu schmuggeln. In den Botanischen Gärten von Kew bei London gelang nach einigen Anfangsschwierigkeiten die Aufzucht, und in den 1890er Jahren wurden die ersten Kautschukbaum-Plantagen auf der malaiischen Halbinsel angelegt, damals unter der Ägide des britischen Indian Office. Die Bäume gediehen gut und wuchsen schnell. Ab 1905 belieferte nun Großbritannien mit rasch steigenden Mengen und gleichbleibender Qualität den Weltmarkt mit Rohkautschuk. Brasiliens Monopol war gebrochen, der amazonische Kautschukboom kollabierte innerhalb weniger Jahre.

In Südostasien aber wuchsen und wuchsen die Kautschukplantagen. Sie markieren den Beginn der neuen Ära von Regenwaldvernichtung. Biopiraterie war dies, und zwar in kaum zu überbietender Dreistigkeit. Das Britische Empire setzte sich darüber mit derselben Arroganz hinweg wie beim Tee, der aus China geschmuggelt worden war und in Britisch-Indien die »Tee-Zeit« startete. Das Verwunderliche im Fall des Kautschuks war jedoch, dass Brasilien und Peru oder auch Kolumbien, das ebenfalls großen Anteil am oberamazonischen Regenwald hat, es versäumten, eigene Plantagen anzulegen. Hätten sie dies rechtzeitig getan, wären die südostasiatischen nicht annähernd so erfolgreich und für Südamerika wirtschaftlich nicht so desaströs geworden. In Amazonien lag nicht nur die Heimat des Kautschukbaumes, sondern es stand auch eine ungleich größere Fläche für Plantagen zur Verfügung als in Malaysia.

Dennoch wurden offenbar keine ernsthaften Versuche unternommen, *Hevea brasiliensis* zu pflanzen. Der Blick aus der Ferne mag zu der Annahme verleiten, in diesem Versäumnis drücke sich einfach südamerikanischer Schlendrian aus, über den britischer Unternehmergeist dominierte. Doch so eine arrogante Sicht wäre grundfalsch. Denn anders als auf der malaiischen Halbinsel und Teilen Indonesiens wächst der Kautschukbaum in Amazonien nicht in Plantagen. Er gedeiht nur da und dort, meist einzeln oder in kleinen Gruppen und zumeist in der Nähe der Flüsse, die aus den Anden kommen. Sein Häufigkeitsbild entspricht weitgehend der Verteilung von »Weißwasser«. Er ist stärker als viele Baumarten Amazoniens von Nährstoffen abhängig, die vom Hochwasser eingetragen werden.

Der Kautschukbaum gehört zu den Wolfsmilchgewächsen. Ihr Milchsaft ist ein Abwehrmittel gegen Insekten und anderen Tierfraß. Die Klebrigkeit verschließt Wunden, die der Baumrinde zugefügt werden; zum Beispiel vom Hochwasser. Gehärteter Milchsaft, Latex, wurde von den Indios traditionell zum Abdichten verwendet. Wir kennen ihn auch als Regen- und Nässeschutz. Das Vulkanisieren mit Schwefel macht aus dem Rohkautschuk den Gummi mit seinen besonderen Eigenschaften. Diese biologischen Umstände sind zu berücksichtigen, wenn wir verstehen wollen, warum es nicht möglich war, große, den Weltbedarf deckende Kautschukbaumplantagen in Amazonien anzulegen, wohl aber auf der Malaiischen Halbinsel und andernorts im feuchttropischen Südostasien.

Es liegt an den Böden. In Amazonien sind sie so mager, dass sich auch andere Arten von Waldbäumen nicht in Plantagen anpflanzen lassen. Wie etwa Teak in Südindien und Südostasien als hoch geschätztes Tropenholz. *Hevea* war und ist mit den noch vorhandenen Restvorkommen eingebunden in die Beziehungsvielfalt von Bäumen und Insekten sowie Pilzen in Amazonien. In der für diesen Baum gänzlich neuen Umwelt Südostasiens gab es all die natürlichen Gegenspieler und Konkurrenten nicht. Auf guten, an Mineralstoffen reichen Böden gediehen die

Plantagen. Die Bäume wuchsen schnell und lieferten viel Latex. Die Rodung von malaiischen Regenwäldern lohnte, weil sich Rohgummi bestens verkaufte. Die in der Zeit des Kolonialismus in den Tropenregionen eingeführte Plantagenwirtschaft wurde damit erstmals im großen Stil auf Regenwälder angewandt. Vorher standen die wechselfeuchten Tropen im Fokus mit Plantagen von Sisalagaven sowie in den Subtropen und Monsungebieten mit Zuckerrohr, Kaffee und Tee.

Grundlagen der tropischen Plantagenwirtschaft

Verhältnismäßig langsam setzte nach der »Entdeckung« Amerikas durch Christoph Kolumbus die Globalisierung ein. Spanien konzentrierte sich auf »Neu-Spanien« und beutete die Neue Welt nach Gold und Silber aus. Die Suche nach »El Dorado« in Amazonien scheiterte. Francisco de Orellana befuhr 1541/42 als erster Europäer den Amazonas von den Anden bis zur Mündung in den Atlantik. Die sagenhafte Goldstadt fand er nicht, die Goldsuche wurde gleichwohl nie aufgegeben. Amazonien blieb weitgehend unangetastet von der europäischen Eroberung Amerikas, auch wenn insbesondere Caboclos nach und nach die Ufer des Hauptflusses und der großen Nebenflüsse besiedelten. Die riesigen Wälder veränderten sie dabei kaum. Stärker betroffen waren die Indios durch eingeschleppte Krankheiten, Versklavung und Verdrängung in die Tiefe der Wälder. Die koloniale

Ausbeutung des tropischen Mittel- und Südamerika konzentrierte sich auf die Gebirgsregionen der Anden und Mittelamerikas. Dort wurden früh schon Bananenplantagen angelegt, in höheren Regionen Kaffeeplantagen.

Den edlen Kakao, das Getränk der (mittelamerikanischen) Götter, zog man besser und mit weit geringerem Einsatz von Arbeitskräften im Regenwald von Westafrika. Dort entstand eine ähnliche Situation wie mit dem Kautschuk in Südostasien: Das Fehlen von Insekten und Pilzen, die die Bäume befallen könnten, erlaubte in Westafrika eine Plantagenwirtschaft, wie sie in der Heimat des Kakaobaumes nicht oder nur ungleich schwieriger möglich war. Geradezu spiegelbildlich verhielt es sich mit der Banane. Ursprünglich aus Neuguinea stammend, erwies sie sich in Afrika und vor allem dann in Mittelamerika als besonders ertragreich und bestens kultivierbar. Bis in unserer Zeit das eintrat, was befürchtet werden musste und schließlich unvermeidbar war: Die aus Klonen gezogenen Bananenstauden mit extrem geringer genetischer Vielfalt wurden von einem Pilz befallen und insbesondere in Amerika davon dezimiert. Die Freiheit der neuen Umwelt vor Schädlingen währte nicht lange. Plantagen sind dafür wie alle langfristig betriebenen Monokulturen viel zu attraktiv für andere Lebewesen.

Unter diesen Aspekten sind tropische Nutzpflanzenkulturen ganz allgemein zu betrachten. Auch das Zuckerrohr, ebenfalls aus Neuguinea stammend, gedieh am besten in neuen Welten, die zu seinen Lebensansprüchen passten, in der Karibik, in Nordostaustralien, auf Mauritius und andernorts, wo feuchtwarme Verhältnisse herrschen (und »billige« Sklaven-Arbeit eingesetzt werden konnte). Wir treffen ähnliche Verhältnisse beim Vieh, bleiben aber zunächst noch bei den Nutzpflanzen. Denn es gilt die wichtigste von allen, die Reiskultur in Südostasien, in diesem Zusammenhang näher zu betrachten. Sie fällt irgendwie aus dem Rahmen, möchte man meinen, gibt es sie doch seit Jahrtausenden und in so hoher Nutzungsdichte, dass Südostasien eine Schwerpunktregion der menschlichen Bevölkerung darstellt. Gegenwärtig stellen Indonesien, die Philippinen und das kontinentale tropische Südostasien rund eine halbe Milliarde Menschen. Nur die feuchttropischen Regionen gerechnet. Das ist das Mehrhundertfache Amazoniens, das eine etwa gleich große Landfläche umfasst. Die Menschenzahl der zwar kleineren feuchttropischen Kongoregion wird um weit mehr als das Zehnfache übertroffen. Und das besonders dank der Reiskultur; genauer dem Anbau von »Nassreis«. Woran liegt es, dass diese für die direkte Ernährung der Menschen so bedeutsame Pflanze im tropischen Südostasien und der angrenzenden Inselwelt seit Jahrtausenden so gut wächst, obwohl sie nicht von dort stammt?

Eine wichtige Eigenschaft verbindet den Reis mit den anderen Arten von »Brotgetreide«: Er ist ein Gras. Gräser unterscheiden sich in vielerlei Eigenschaften von den übrigen Pflanzen, insbesondere von den Bäumen. Eine der wichtigsten ist ihr rasches Wachstum »von unten her«. Gemeint ist damit, dass die Wachstumszentren, die sogenannten Vegetationspunkte, wurzelnah sitzen und nicht wie bei den meisten übrigen Pflanzen, den »Kräutern«, Büschen und Bäumen als Knospen an der Spitze der (jungen) Triebe. Dieser Unterschied ist insbesondere dann wichtig, wenn die Pflanzen von Tieren befressen werden. Gräser vertragen weit mehr Verbiss als Kräuter und Bäume. Als bedeutendsten Verbissschutz lagern viele Gräser Kriställchen aus Kieselsäure ein. Diese bewirken, dass die Zähne beim »Grasen« nach und nach abgenutzt werden. Richtige Giftstoffe, wie sie in den krautigen Pflanzen und in Bäumen in so großer Vielfalt vorhanden sind, gibt es nur ausnahmsweise in Gräsern. Die Herstellung komplexer, giftiger oder Fressfeinde abwehrender Inhaltsstoffe erfordert viel Energie. Diese können Gräser in rasches Wachstum einfließen lassen. Sie vertragen Verbiss und wachsen schnell nach. So ihre Kurzcharakterisierung. Doch dies allein würde sie noch nicht sonderlich attraktiv als Nahrungsquelle machen, insbesondere nicht für uns Menschen. Was wir von Gräsern nutzen, ist nicht Gras & Heu, sondern es sind ihre besonderen Samen. Diese enthalten in günstiger Kombination Stärke (= Lieferant von Energie) und Proteine (= pflanzliches Eiweiß, das für Wachstum und Fortpflanzung benötigt wird).

Stärke können die Pflanzen direkt durch Photosynthese aus Wasser und Kohlendioxid unter Nutzung des Sonnenlichts als Energiequelle herstellen. Zur Synthese von Proteinen sind aber insbesondere Stickstoffverbindungen und Mineralstoffe nötig. Diese liefern normalerweise die Böden, es sei denn, sie sind durch die Tropenregen stark ausgewaschen und entsprechend arm an Nährstoffen geworden. Wie in Amazonien, in größeren Regionen des Kongo-Regenwaldes und Teilen von Borneo. Die günstigsten Verhältnisse bieten unter feuchttropischen Klimabedingungen erdgeschichtlich junge vulkanische Böden. Solche gibt es in vielen Regionen Südostasiens. Hinzu kommen Schwemmland-Böden entlang der Flüsse, zumal, wenn diese aus Bergländern kommen, die mineralstoffreich sind: Reich an wasserlöslichen, pflanzenverwertbaren Mineralstoffen, nicht an Quarz aus uralten Sandsteinformationen.

Für die Reiskulturen sind dies zwar sehr wichtige Voraussetzungen, jedoch nicht die alleinigen. Etwas anderes muss hinzukommen, nämlich ein Wechsel von Feucht- und Trockenzeiten. Ein solcher tritt in den wechselfeuchten Tropen und insbesondere im Monsunklima von Natur aus auf. Monsunklima ist »Reisklima«. Es lässt sich im Bergland jedoch nachahmen und nach tatsächlichem Bedarf der Reispflanzen durch die Anlage von Terrassenkulturen steuern. In diesen läuft Wasser aus den höher gelegenen Terrassen in geregelter Weise weiter zu den untersten und schließlich ab in die Flüsse. Auch im Regenklima können dank der Hanglage die Terrassen zur Reifezeit des Reises weitgehend trockengelegt werden. Dadurch kommt der Wechsel zustande, den der Reis zwischen der Trocken- und Feuchtphase nötig hat. Dieser bewirkt, dass sich Insekten, Pilze und Erreger von Krankheiten weit weniger leicht als in Dauerkulturen ansammeln und ausbreiten können. Die Trockenphase unterbricht den Feuchtzyklus und dieser umgekehrt den trockenen Part.

Terrassen sind in den riesigen Weiten Amazoniens und des Kongobeckens nicht möglich, weil es keine Berge gibt, an denen sie angelegt werden könnten. Die erdgeschichtlich uralten granitischen Gebirge am Rand Amazoniens eignen sich auch nicht dafür. Die Flusstäler bieten zwar gewisse Möglichkeiten, aber keineswegs auch nur annähernd so gute wie bei Terrassenkulturen, weil das Hochwasser oft zu lange anhält oder zu spät kommt und in den Mengen nicht zu steuern ist. Daher ist klar, dass sich Südostasien dank der gebirgigen Natur, der hohen Niederschläge und des vielfach bestens geeigneten vulkanischen Bodens als für die Reiskulturen ungleich günstiger erwiesen hat als die beiden anderen feuchttropischen Großregionen in Afrika und Südamerika. Die frühe Entwicklung des Reisanbaus in

Südostasien und seine anhaltende Ertragsfähigkeit erklären sich daraus. Und auch, weshalb solche südostasiatischen Regenwälder, die vorher schon nicht für Reiskulturen geeignet waren, verhältnismäßig leicht und recht erfolgreich in Plantagen für andere Nutzpflanzen umgewandelt werden konnten. Diese anderen Nutzpflanzen waren und sind aber nicht für die direkte Versorgung der örtlichen oder regionalen Bevölkerung gedacht, sondern für den sogenannten Welthandel; ein Euphemismus für die wirtschaftliche Ausbeutung der Tropen. Denn die Produkte der Plantagen flossen im weitaus überwiegenden Maße nach Europa und Nordamerika. Er war (und ist dies immer noch) eine Einbahnstraße. Das unterscheidet die Plantagenwirtschaft so grundlegend von nachhaltiger Landwirtschaft, die auf die Versorgung der örtlichen Bevölkerung ausgerichtet ist.

Doch blenden wir nochmals zurück zu den Besonderheiten der Gräser als Kulturpflanzen. Das bei Weitem Wichtigste am Reis und in den Tropen auch beim Mais ist das Korn mit seiner Kombination aus Stärke und Proteinen. Dass diese in einem für die Ernährung der Menschen nötigen Mindestumfang zustande kommen, setzt hinreichend gute Böden voraus. Anders ist dies beim Zuckerrohr. Als Gras ist es dem Reis direkt vergleichbar, nicht aber als Nahrungsmittel. Denn beim Zuckerrohr geht es um den Zucker, also um Kohlenhydrate. Wir können sie als Brennstoff bezeichnen. Plantagen für Zuckerrohr benötigen daher keine so guten Böden, nur genügend Wasser in möglichst gleichmäßig über die Wachstumszeit bis zur Erntereife verteilten Niederschlägen. Zuckerrohr gedeiht daher auch, wo keine Terrassierung für den Nassreisanbau möglich ist. Es liefert Zucker und Melasse. Beide sind gut verwertbar. Zucker war bis zum Anbau von Zuckerrohr in großen Plantagen und dem regionalen Ersatz durch Zuckerrüben ein rares, geschätztes Süßungsmittel. Die tropisch-subtropischen Zuckerrohrplantagen führten zur Entwicklung von Monopolen und beförderten den Sklavenhandel von Afrika nach Amerika.

Zucker ist längst ein Dosisgift geworden, weil wir viel zu viel davon zu uns nehmen. Das gefährdet die Gesundheit. Millionen Menschen büßen mit Zuckerkrankheit und frühem Tod im Nachhinein für das Elend und das Massensterben von Sklaven, die auf den Plantagen aus einem einst raren, sehr geschätzten Stoff eine billige und höchst gefährliche Massenware machen mussten. Und damit einige wenige Menschen sehr reich werden ließen. Wir stecken immer noch in dieser Falle, wie wir bei der Betrachtung der gegenwärtigen Lage sehen werden. Da die Zuckerrohrfelder nach der Ernte in der Regel abgebrannt werden, kommt dieser Plantagenwirtschaft ein Rückgang der Jahresniederschläge, verbunden mit stärkerer saisonaler Verteilung, sehr zugute. Die Vernichtung tropischer Regenwälder wirkt in diese Richtung. Ganz »ökologisch«, wie man mit Sarkasmus hinzufügen könnte, denn tatsächlich wird vom Rückgang der Niederschläge eine Verschiebung der Vegetation vom Wald zu landwirtschaftlich besser nutzbarem Grasland verursacht.

Dieser Prozess verschiebt die Plantagenwirtschaft mit Bäumen, wie bei den Kautschukplantagen, nach und nach immer tiefer in die Zentren der Regenwälder und reißt dabei die Ränder weiter auf. Zustande kommt eine sich selbst verstärkende Entwicklung, die umgangssprachlich Teufelskreis genannt wird. Mit dem Zuckerrohr hatte die Erschließung der tropischen Regenwälder für Kautschukbaum- und bald auch für Ölpalmplantagen einen höchst wirkungsvollen und wegbereitenden Vorläufer. Ähnliches hatte es vorher nicht gegeben. Die Monokulturen aus Zuckerrohr zeigten, dass es grundsätzlich durchaus möglich ist, großflächige Kulturen aus einer Nutzpflanzenart in den feuchten Tropen anzulegen. Monokulturen wurden nun auch mit Bananen angelegt.

Nach dem Gummiboom

Der Gummiboom brach in Amazonien, wie ausgeführt, zu Beginn des 20. Jahrhunderts zusammen. Doch anders als 2008 die »Immobilienblase«, welche zerplatzte, verlagerte sich die Ausbeutung einfach nur nach Südostasien. Die Rahmenbedingungen setzten die beiden Weltkriege, die einerseits die Motorisierung und damit den Bedarf an Gummi stark vorantrieben, andererseits aber durch Einbeziehung der Kolonien in den Krieg neue geostrategische Schwerpunkte setzten. Und die Deutschland dazu zwangen, sich auf die Produktion von synthetischem Kautschuk zu verlegen. Es war ein US-amerikanischer Autohersteller, Henry Ford, der sich in Brasilien mit einer Großplantage versuchte. Am Südostrand Amazoniens zwar und in der Übergangsregion zum tropisch wechselfeuchten Klima, aber dennoch im »Innern«, im *interior*, wie die Brasilianer ihren kontinentgroßen Hauptteil des Landes nannten, der ihnen auch zu Beginn des 20. Jahrhunderts noch reichlich fremd geblieben war. Denn Brasilien konzentrierte sich mit seiner Wirtschaft und seiner Bevölkerung auf den Küstenbereich. Im *interior* lebten doch nur *indios*, und leben konnte man als Mensch, der sich brasilianisch fühlte, nur nach der Vernichtung des Waldes. *Matar o mato*, den Wald töten, galt bis in die 1970er Jahre als selbstverständliche Haltung in der brasilianischen Landbevölkerung. Vom

Wald leben konnten nur die Indios, doch auch sie nur mehr schlecht als recht. Henry Ford wollte mit seiner Muster-Großfarm »Fordlandia« beweisen, dass man die riesigen Wälder Amazoniens sehr wohl sehr gut nutzen könne, wenn man nur entsprechend Kapital investierte und neue Technologien einsetzte, vor allem Motorkraft. Anders als mit seinem Auto, der legendären »Lizzi«, dem Erfolgsmodell Fließbandauto, scheiterte Ford aber mit »Fordlandia«. Die Natur war stärker. Viel stärker.

Nach dem Zweiten Weltkrieg erging es dem gleichfalls amerikanischen Milliardär Daniel K. Ludwig ganz ähnlich mit seinem Jarí-Projekt am unteren Amazonas. Er wollte dort mit *Gmelina*-Bäumen und Karibenkiefern (*Pinus caribaea*) massenhaft Holz produzieren und gleich vor Ort zu Zellulose verarbeiten. Der Holzbedarf stieg steil an, weil die Papierflut so viel beanspruchte. Zudem waren Pressplatten sowie furniertes Holz weltweit gefragt. Da Ludwig noch weit mehr als Ford brasilianische Fachleute in sein Projekt mit einbezogen hatte, was natürlich von der brasilianischen Regierung mehr als nur gebilligt worden war, dümpelte das Jarí-Projekt weiter, obgleich es weit hinter den Erwartungen und globalwirtschaftlichen Notwendigkeiten zurückgeblieben war. Brasilien selbst wollte das Scheitern nicht zugeben.

In Südindien dagegen florierten sogar Teak-Plantagen, die sehr gutes Tropenholz lieferten und zugleich neue Lebensräume für Tiger, Elefanten und die riesigen, büffelartigen Gaur-Rinder geschaffen hatten. Afrika blieb zwischen den beiden Weltkriegen globalwirtschaftlich weitgehend sich selbst überlassen. Es hatte vor allem Hilfstruppen für die Kolonialmächte zu stellen, die sich, gänzlich unverständlich für die Afrikaner selbst, so heftig bekriegten. Insbesondere das »Herz der Finsternis«, wie es Joseph Conrad in seinem weltberühmten Roman ge-

Wald-Mensch, Orang-Utan, so nennen die Einheimischen die dritte Form der großen Menschenaffen, die in zwei einander sehr nahe verwandten Arten auf Borneo und Sumatra (noch) vorkommen. Weit ausgeprägter als die beiden Schimpansenarten Afrikas sind sie »Hangler«. Mit kräftigen Armen weit ausgreifend, bewegen sie sich durchs Astwerk der Bäume auf der Suche nach reifen Früchten oder um sich eine sichere Schlafstelle für die Nacht im Geäst zu fertigen. Mit den rotbraunen Haaren, die den ganzen Körper mit Ausnahme des Gesichtes bedecken, scheinen sie im Blattwerk stark aufzufallen. Für die Orang-Utans untereinander trifft dies auch zu, nicht aber für die einzigen natürlichen Feinde, die ihnen gefährlich werden könnten. Denn sie sind rotgrünblind, die Sumatra-Tiger, die dortige Form des Leoparden und die Nebelparder. Letzterer könnte allenfalls junge Orang-Utans erbeuten. Tiger aber solche, die auf den Boden hinunterkommen. Auf Borneo fehlten aus nicht hinreichend bekannten Gründen Tiger und Leopard. Aber die so ausgeprägte Anpassung der Orang-Utans an das Leben im Geäst der Regenwaldbäume mit der Dominanz der Arme und Hände reicht viel weiter zurück: in die Zeiten, in denen ihre Vorfahren auch auf dem südostasiatischen Festland in den Regenwäldern lebten. Die gegenwärtige Lage ist nur ein Abglanz dessen, was die Entstehung dieser Menschenaffen beeinflusst und ihre Leistungen geformt hat. Von uns Menschen unterscheiden sich die »Wald-Menschen« nur mit etwa 1,8 Prozent im Erbgut.

Der Orang-Utan wird aus guten Gründen hervorgehoben, denn sein Körperbau vermittelt uns eine gute Vorstellung von der Unterschiedlichkeit unseres eigenen Körpers. Wir sind Läufer, die Orang-Utans Hangler. Wir »be-greifen«, sie greifen. Sie tragen ein Fell, wenngleich kein sonderlich dichtes. Wir sind weitgehend nackt. Unser Gehirn übertrifft das der Orang-Utans bei etwa gleicher Körpermasse um das mehr als Dreifache. Ihr Schicksal liegt in unserer Hand. Ob sie als »Wald-Menschen« überleben, hängt davon ab, wie wir Menschen mit ihren Wäldern umgehen. »Wir Menschen« meint nicht nur die Indonesier von Sumatra und Borneo, sondern ganz unmittelbar uns selbst, weil wir mit den Importen von Palmöl und Palmölprodukten die Vernichtung dieser Wälder vorantreiben. Mit den Orang-Utans sterben nahe Verwandte von uns aus, nicht irgendwelche Lebewesen, die bloß Tiere sind. In den Wäldern der Orang-Utans leben einzigartige Vögel und Insekten, wie der riesige Nashornvogel *Buceros bicornis* und der zu den Vogelflügelfaltern gehörende *Troides helena*, benannt nach der schönen Helena, die den Trojanischen Krieg ausgelöst hatte. Beispielhaft für die äußerst vielfältige Reptilienwelt gleitet im Bild ein kleiner Flugdrache, *Draco volans*, mit zur Tragfläche gespreizten Rippen durch den Wald. Er wird, einschließlich Schwanz, nur gut 20 Zentimeter lang, erreicht aber Gleitstrecken bis zu 30 Metern bei lediglich wenigen Metern Höhenverlust. Der Flugdrache gehört zur Echsengruppe der Agamen. Ameisen bilden seine Hauptnahrung. Der Nashornvogel würde ihn sich gewiss schnappen, wenn es ihm gelänge, der kleinen Echse die Gleitbahn abzuschneiden. Aber sein Flug ist weniger wendig. Eher bekommt man den Eindruck, der Schnabel sei mit seinem merkwürdigen Aufsatz zu schwer geraten.

Flügelfrucht-Bäume Dipterocarpaceae

9. Die südostasiatische Inselwelt

Das Überleben im Wald ist auch in den Regenwäldern Südostasiens alles andere als einfach. Der Sumatratiger wird selten so entspannt herumliegen wie die letzten seiner Unterart in den Zoos. Tagelang wird er auf Schweine lauern müssen, die im Wald leben und darin sehr vorsichtig in Gruppen umherstreifen. Das gestreifte Fell bietet dem Tiger körperauflösende Tarnung. Wieder gilt, dass das Rotbraun für die meisten Augen von Säugetieren dem Grün im Wald entspricht, weil diese Rot und Grün nicht unterscheiden können.

Etwas ist aber anders im südostasiatischen Regenwald. Hier bestimmt weithin eine Baumart bzw. mehrere sehr nahe miteinander verwandte Arten die Waldzusammensetzung. Sie gehören zur Familie der Zweiflügelfrüchte, wissenschaftlich *Dipterocarpaceen*. Im Bild sind sie oben zu sehen. Der erste Blick verrät bereits, dass es sich bei dem Doppelflügel um eine Bildung handelt, die einen schraubigen Flug der abfallenden Samen bewirkt. Der Wind kann sie ein gutes Stück weiter tragen, sodass sie nicht alle gleich unter dem Mutterbaum landen und dort Jahrzehnte aushalten müssten, bis dieser umstürzt und dann erst die Lücke zum Aufwachsen bietet. Die Zweiflügelfruchtbäume sind in Südostasien weit verbreitet und häufig. Dennoch gibt es Regionen, insbesondere auf Borneo, in denen ähnlich wie in Amazonien Hunderte verschiedener Baumarten auf einem Quadratkilometer Waldfläche wachsen. Wälder mit Zweiflügelfruchtbäumen eignen sich verhältnismäßig gut für die Anlage von Baumplantagen, wie Kautschukbäume und Ölpalmen. Denn diese benötigen für rasches Wachstum und hohe Erträge hinreichend gute Böden. Deshalb sind Wälder aus Zweiflügelfruchtbäumen besonders von Rodung und Vernichtung bedroht – mitsamt ihrer Vielfalt an Tieren und Pflanzen.

nannt hatte, der Kongo-Regenwald, fiel zurück in den Zustand einer weitgehenden *terra incognita*, nachdem er nur ein längeres Menschenleben zuvor überhaupt erst »entdeckt« worden war.

Einzig in Südostasien, das noch weitgehend von den Kolonialmächten beherrscht war, die einander nach dem Ersten Weltkrieg zudem als Freunde und Partner betrachteten, obwohl sie wirtschaftliche Konkurrenten blieben, ging die Erschließung der tropischen Regenwälder weiter. Der Bedarf an dauerhaftem Tropenholz war ebenso gestiegen, wie die Kautschukgewinnung mit weiterer Motorisierung und insbesondere mit dem wirtschaftlichen und militärischen Aufstieg Japans zur Weltmacht zunahm. Der Zweite Weltkrieg zeigte vollends und unmissverständlich, dass Ostasien zu einem neuen Global-Zentrum aufgestiegen war und nicht mehr allein das alte Europa und sein Ableger in Nordamerika das Weltgeschehen bestimmten.

Und es wuchs auch die Zahl der Menschen. Im 19. Jahrhundert nahm die Weltbevölkerung massiv zu. Thomas Malthus, der mit seinem quantitativ-mathematischen Denken den in dieser Hinsicht nicht besonders gut geschulten Charles Darwin nachhaltig beeinflusst hatte, wies bereits 1798 auf ihr exponentielles Wachstum hin. Ein Jahrhundert später bestätigte die Entwicklung seine Annahmen nachdrücklich. Vor allem die stark verbesserten hygienischen Lebensbedingungen und die ärztliche Versorgung ließen die Schere zwischen Geburten- und Sterberate immer weiter klaffen. Nicht einmal die vielen Millionen Toten der beiden Weltkriege unterbrachen die exponentielle Zunahme der Menschheit in nennenswerter und nachwirkender Weise.

Malthus' exponentielles Wachstum und Darwins natürliche Selektion fanden in der Phrase von Herbert Spencer die perfekte Kurzform:

survival of the fittest. Wer die anbrechende moderne Zeit nicht überlebte, war für Sozialdarwinisten eben nicht fit genug. So das zentrale Credo des freien, ungezügelten Kapitalismus, der dem Regenwald so viel Schaden zufügen sollte – weil das Bessere zwangsläufig der Feind des Guten ist.

Im Umgang mit der Natur durfte das kapitalistische Prinzip des Überlebens der Tüchtigsten ungehemmt geäußert werden, weil der Natur kein Recht auf Widerspruch zugebilligt wurde (und ihr dieses letztlich immer noch nicht zugebilligt wird, vom Sonderfall der sogenannten Naturvölker abgesehen). Die Kriege hatten wirtschaftlich genug zerstört, um Neuanfänge ohne Widerstände des Alten zu ermöglichen. Mit der sukzessiven Entlassung der Kolonien in die Freiheit wurden sie allerdings noch abhängiger von den euphemistisch so bezeichneten Mutterländern. War die einstige Kolonialwirtschaft wenigstens noch teilweise so gestaltet, dass sie den unmittelbaren Interessen des Mutterlandes entsprach, so fiel diese Hemmung nun fort. Denn die Entwicklungsländer waren ja selbst verantwortlich. Damit gingen die Tore weit auf für das internationale, nicht mehr staatsgebundene Kapital. Die großflächige Ausbeutung der Tropenwelt konnte beginnen.

Tropenholz

Mahagoni, Teak, Bangkirai und Meranti sind zwar die bekanntesten der edlen Tropenhölzer, aber keinesfalls die einzigen. An die hundert verschiedene Arten werden unter dem Oberbegriff tropische Edelhölzer zusammengefasst. Diese zeichnen sich aus durch Härte, oftmals auch durch eine schöne, dunkelrotbraune Färbung und vor allem durch die Beständigkeit, die selbst die von Eichenholz übertrifft. Für die Nutzung dieser Hölzer in den Tropen steht im Vordergrund, dass sie von Termiten nicht angegriffen werden (können). Da die Bäume, die diese Edelhölzer erzeugen, das ganze Jahr über wachsen, fehlen ausgeprägte Jahresringe. Tropenholz sollte also nachhaltig sein in bestem Sinne, weil das, was aus ihm gefertigt wird, die Zeiten überdauert, wie man sagen könnte. Auf die Wälder bezogen, aus denen es stammt, verhält es sich jedoch anders, ganz anders.

Zunächst: Die edlen Tropenhölzer stammen von Bäumen, die sehr langsam wachsen. Allein dies ist eine wesentliche Vorbedingung, dass ihre besondere Härte zustande kommt. Wir kennen dies von unseren Bäumen. Weiden, Pappeln und andere, die rasch wachsen, zählen zu den »Weichhölzern«. Hartes, dauerhaftes Holz entsteht bei Eichen, Hainbuchen und Eschen, oder unter den Nadelbäumen bei den (Gebirgs-)Lärchen, nicht bei den schnellwüchsigen Fichten, die im Flachland und niederen Höhenlagen in gepflanzten Forsten aufwachsen. Mit dieser Feststellung scheint sich eine Widersprüchlichkeit aufzutun. Denn hierzulande unterbricht der Winter das Wachstum oder schränkt es zumindest sehr stark ein, während in den Tropen rund ums Jahr die Bäume wachsen und weiterwachsen können. Also sollte die Taiga, der Nordische Nadelwald, von Hartholzbäumen gebildet werden, die Regenwälder der Tropen aber von Weichhölzern.

Zu dieser Fehleinschätzung würden wir gelangen bei alleiniger Berücksichtigung der Temperaturen, die fürs Wachstum weit genug über dem Gefrierpunkt liegen müssen, und der Niederschläge. In dieser Hinsicht sind die feuchten Tropen tatsächlich ideal. Aber wie ausgeführt, brauchen die Pflanzen entsprechende Mengen an Nährsalzen. An diesen mangelt es weithin in den feuchttropischen Wäldern. Hieraus erklärt sich das scheinbare Paradox, dass aus demselben Tropenwald, in Amazonien zum Beispiel, Mahagoni und Balsaholz kommen. Mahagoni-Bäume wachsen auf den nicht oder nur kurzzeitig überschwemmten Bereichen, der *terra firme* (brasilianisch = festes Land), Balsa aber an den Wasserläufen der in Amazonien *várzea* genannten und häufig überschwemmten Zonen. Diesen führt das Hochwasser aus den Anden Mineralstoffe zu, die wie regelmäßige Düngergaben wirken. Die Bäume der *terra firma* hingegen müssen mit dem wenigen auskommen, das die ausgewitterten, von den riesigen Niederschlagsmengen ausgeschwemmten Böden noch beinhalten, und dem, was, wie ebenfalls bereits dargelegt, an mineralischen Stäuben vom Passat über den Atlantik von Afrika herübergeweht wird. Diese Mangelverhältnisse lassen die Bäume nur ganz langsam wachsen. Ihr Holz wird hart und durch die Einlagerung von Silikat zusätzlich gehärtet. Termitenfest eben. Und kaum zu fällen mit der Axt. Manche Bäume dieses Typs erhielten daher in Südamerika die spanische Bezeichnung »Axtbrecher«, wie der durch sehr hartes, rotes Holz ausgezeichnete *quebracho colorado.*

So war, kurz zusammengefasst, die Lage, als vor zweihundert Jahren die Briten und die Holländer anfingen, ihre Kolonialimperien auf tropische Regionen auszudehnen. Holz, das von Termiten nicht angegriffen wurde, gelangte trotz seiner Härte, seines Gewichtes und der schwierigen Bearbeitbarkeit rasch zu großer Wertschätzung. Im Bereich der Möbel entstand der Kolonialstil. Mit Entwicklung der Dampfschifffahrt wurde die Verfrachtung der schweren Tropenhölzer nach Europa machbar und bei ihrem steigenden Wert auch wirtschaftlich attraktiv. Wer etwas auf sich hielt, ließ sich Möbel aus Tropenholz anfertigen.

Im späten 19. Jahrhundert setzte eine erste große Welle von Tropenholznutzung ein. Der Erste Weltkrieg unterbrach diese nur kurz, denn es existierten die Kolonialimperien fast unverändert weiter. Deren Zusammenbruch setzte mit dem Zweiten Weltkrieg ein. Rasch erlangten die ehemaligen Kolonialgebiete ihre staatliche Selbstständigkeit. Sie benötigten die tropischen Harthölzer weit weniger als die Europäer und die Nordamerikaner, bis parallel zum globalen wirtschaftlichen Aufschwung in den 1950er und 1960er Jahren der Export wieder lohnend wurde. Den jungen, selbstständig gewordenen Staaten, auch den vorher schon souveränen in Südamerika, kam die steigende Nachfrage nach Tropenhölzern jedoch weit weniger zugute, als es jahrzehntelang den Anschein erweckte. Denn die schwierige, technisch aufwändige Nutzung der Tropenwälder war internationalen, zumeist europäischen, nordamerikanischen und japanischen Holzfirmen übertragen worden. Diese strebten selbstverständlich nach maximalen Gewinnen. Bald wurde klar, dass dies zu Raubbau führte, zur großflächigen Waldvernichtung, weil die wertvollen Hölzer nicht wie in gepflanzten Forsten dicht an dicht beieinander wachsen, sondern mehr oder weniger stark verteilt, oft sogar einzeln in den Waldbeständen. Die hohe Artenvielfalt, die Tropenwälder auszeichnet, wurde zum zentralen Problem der Nutzung. Wenn Hunderte verschiedener Baumarten pro Quadratkilometer Wald wachsen, verursacht die gezielte Einzelstammnutzung einen immensen Aufwand.

Hinzu kommt, dass die verschiedenen Baumarten meistens auch sehr unterschiedliche Holzeigenschaften aufweisen. Würden alle größeren und großen Bäume flächenhaft genutzt, käme eine schwer abzusetzende Mischung verschiedenster Holzqualitäten zustande. Es war (und ist es in der Regel immer noch!) wirtschaftlicher, gezielt die Spitzenqualität herauszuholen und den dafür demolierten Wald ungenutzt zu lassen. Damit verlor er jedoch an »Holzwert« auf absehbare Zeit, beim langsamen Wachstum der Bäume auf Jahrzehnte hinaus. Geradezu zwangsläufig wurde eine totale Entwaldung attraktiver: mit Umwidmung der gerodeten Flächen auf andere Nutzungsformen, wie Viehweiden und in der jüngeren Vergangenheit für die Anlage von Sojafeldern. Aus der anfänglich die Wälder durchaus erhaltenden Einzelstammnutzung edler Hölzer entstand schnell der Raubbau mit Waldvernichtung.

Bezeichnenderweise fing diese in den drei Großregionen mit Tropenwäldern höchst unterschiedlich an. Bezeichnend deshalb, weil sich die Bodenverhältnisse darin spiegelten. In Südostasien und Südindien gelang es noch zur Kolonialzeit erfolgreich, Plantagen aufzubauen. Für Teakholz insbesondere, und für die Naturkautschuk liefernden »Gummibäume« aus Amazonien, die *Hevea brasiliensis.* Wie schon ausgeführt, hatte der britische Botaniker und Abenteurer Henry Wickham Ende des 19. Jahrhunderts erfolgreich Samen der *Hevea* aus Brasilien geschmuggelt. Was sich in der südostasiatischen Waldnatur über größere Bestände der ebenfalls schon genannten Zweiflügelfruchtbäume (der *Dipterocarpus*-Arten) ökologisch vorgezeichnet fand, erwies sich als nutzbar für Kautschukbaumplantagen. Auch für Ölbaumplantagen. Die Böden Amazoniens hingegen taugen nicht dafür. Die zentralafrikanischen im Kongo-Regenwald eignen sich ebenso wenig oder gar nicht für den Plantagenbau. Dort findet daher, wie in Amazonien, gegenwärtig die stärkste Waldvernichtung statt.

Der afrikanische Regenwald wird von den internationalen Holzfirmen aus zwei Gründen vorgezogen. Erstens enthält er pro Quadratkilometer mehr Bäume, deren Holz dem edlen Sektor der Tropenhölzer zugerechnet wird. Zweitens bekommen die bitterarmen, durch Befreiungs- und Stammeskriege gebeutelten Staaten des tropischen Afrika auf diese Weise rasch Devisen, ohne selbst unmittelbar etwas tun zu müssen. Sie verkaufen einfach vorhandene Ressourcen. Mögliche oder anzustrebende Folgenutzungen werden in Afrika nicht weiter bedacht.

Das ist in Amazonien anders. Waldrodung mit Extraktion wertvoller Tropenhölzer bildet dort die Vorstufe für die gewollte landwirtschaftliche Erschließung. Folglich geht es um mehr als um die bloße Direktverramschung von Wald für das schnelle Geld. Großunternehmen und Großinvestoren stehen hinter den Erschließungen. Werden diese von der Weltbank vor- oder erstfinanziert, sind sie natürlich höchst attraktiv. Weil die »ungenutzten Wälder« nicht als Lebensraum für die indigene Bevölkerung betrachtet werden und deren tatsächliche Nutzung wie eine Nicht-Nutzung eingestuft wird, lässt sich ihre Erschließung bestens als eine Notwendigkeit für die eigene, stark wachsende Bevölkerung begründen. Sie braucht Lebensraum, und solcher ist im großen Rest Brasiliens und anderer Staaten, die Anteil an Amazonien haben, ja längst an die Großgrundbesitzer vergeben. Den Bevölkerungsüberschuss nach Amazonien abzuschieben und den Menschen, die sich hineinwagen, eine paradiesische Zukunft vorzugaukeln stellt innenpolitisch so etwas wie das Öffnen eines Überdruckventils dar.

Der Hinweis, dass doch die Europäer und US-Amerikaner auch zuerst ihre Urwälder gerodet und in Kulturland umgestaltet hatten, sie jetzt aber den Staaten der Tropenwelt vorschreiben wollen, die Regenwälder ungenutzt zu erhalten, zieht vor Ort. Und bei oberflächlicher Betrachtung folgt er durchaus einer gewissen Logik. Auf dem Gebiet der USA (Alaska ausgenommen, das erst 1867 zugekauft worden war) wurden, um dies hier nochmals zu betonen, mehr als 90 Prozent der Wälder in nur dreihundert Jahren bis zum Beginn des 20. Jahrhunderts vernichtet. Was die Tropenländer mit ihrer Waldnutzung und Waldrodung jetzt tun, so das Argument, sei lediglich die Fortsetzung eines globalen Prozesses, dem sie hinterherhinken würden. Doch wie fast alle Vergleiche hinkt auch dieser, und zwar besonders schwer. Denn es macht einen ganz großen Unterschied, ob die örtliche und regionale Bevölkerung die vorhandenen Waldressourcen nutzt, wie dies in den Tropenwäldern seit Jahrtausenden geschehen ist, oder ob Fremde die großflächige Nutzung für ihre Zwecke durchführen, die davon Betroffenen aber kaum etwas bekommen. Dies ist Ausbeutung, keinesfalls nachhaltige Nutzung.

Nachhaltige Nutzung ist das Bestreben von Forstbetrieben und Firmen, die Tropenholznutzung unter dem Siegel der Nachhaltigkeit betreiben, um das damit ausgezeichnete Holz international zu vermarkten. Wie etwa aus den Teakplantagen Indiens und Südostasiens. Ist dies die Lösung? Kann es für die Problematik der Tropenwälder überhaupt »eine Lösung« geben? Oder nur viele kleine Schritte in eine die Wälder in ihrer Substanz schonende und damit bessere Richtung? Eines ist klar, die »Großen Drei«, Tropenholznutzung, Ölpalmen- und Sojaanbau, gehen von den Großen der globalen Finanzmärkte aus, und nicht von den Staaten mit Tropenwäldern, schon gar nicht von den Menschen selbst, die dort leben. Als Nutznießer der »Großen Drei« sind wir Europäer und Deutsche mitverantwortlich, wie es weitergeht mit den noch verbliebenen Regenwäldern der Tropen.

Rindvieh frisst Regenwald

In den 1970er Jahren bahnte sich in Europa eine Entwicklung an, die massive Folgen für die tropischen Regenwälder hatte. Das Subventionssystem der Europäischen Wirtschaftsgemeinschaft ließ die Produktion von Getreide, Fleisch, Milch und Milchprodukten über den Bedarf hinausschießen. Getreide- und Butterberge sowie Milchseen kamen zustande und wechselten »dank« der Gegenmaßnahmen, die nur weitere Steigerungen bewirkten, einander in rascher Folge ab. Stallviehhaltung löste die auf die Produktivität des vorhandenen Dauergrünlandes abgestimmte Freilandhaltung der Rinder ab. Güllewirtschaft setzte mit der Schwemmentmistung ein. Steigende Stallviehbestände und zunehmende Leistungsfähigkeit der Tierproduktion machten den Import von Futtermitteln aus Übersee höchst profitabel. Die Tierbestände überstiegen in großen Teilen Deutschlands und der angrenzenden nordwesteuropäischen Länder die bodengebundene Futtermittelproduktion bei Weitem. Flurbereinigungen, Gülle und Agrochemikalien trieben die landwirtschaftliche Produktivität in vorher kaum vorstellbare Höhen. Die Überschüsse gingen in den globalen Handel und drückten die Preise. Essen wurde scheinbar immer billiger; scheinbar, weil die steuerlichen Aufwendungen für die Agrarsubventionen und die Folgekosten, die sich in der zunehmenden Verteuerung der Bereitstellung von sauberem Trinkwasser ergaben, nicht in die Lebensmittelpreise eingerechnet wurden. Die Entsorgung der menschlichen Abwässer wurde teurer und teurer, weil die Kläranlagen Trinkwasserqualität erzielen sollten. Derart hohe Reinigungsgrade sind nicht nur sehr kostspielig, sondern ihre Kosten steigen unverhältnismäßig stark bei nur noch geringen Verbesserungen. In der Wirtschaft ist dies als Problem des Grenzertrags bekannt: Je mehr sich der Ertrag der Grenze nähert, desto größer wird der Aufwand für kleine Fortschritte. Gewinne und Aufwand klaffen immer weiter auseinander.

Diese Vorgehensweise geriet zur Absurdität, blieb doch das gesamte Abwasser aus der Nutztierhaltung von der Abwasserreinigung ausgeklammert. Im krassen Gegensatz zum Umgang mit den menschlichen, werden die tierischen Abwässer in Form von Gülle frei auf den Fluren bis in die Ortsrandbereiche hinein ausgebracht und als Wertstoff behandelt. Was im Klartext bedeutet, dass das, was Kühe und Schweine von sich geben und so penetrant stinkt, etwas Gutes ist, während die Menschen nur Schlechtes ausscheiden. Der hohe Einsatz von Tierarzneimitteln entkräftet die häufig vorgebrachte Begründung, die menschlichen Abwässer würden zu viele Schadstoffe, insbesondere Rückstände von Medikamenten enthalten. Dabei können nicht einmal mehr Mistkäfer die Kuhfladen draußen auf der Weide auf natürliche Weise abbauen, weil diese zu sehr »chemisch verändert« sind, um es möglichst neutral auszudrücken. Unberücksichtigt bleiben auch die Mengenverhältnisse. Die Güllemassen aus der Tierhaltung übertreffen die menschlichen Abwässer um ein Mehrfaches.

Auf diese Entwicklung hinzuweisen ist in doppelter Weise wichtig. Einmal, weil die exorbitanten Tierbestände in der EU-Landwirtschaft, vor allem in ihrem mittel- und nordwesteuropäischen Schwerpunktsbereichen, seit Jahrzehnten einen erheblichen Teil ihrer Nahrung in Form von Futtermitteln aus Übersee beziehen. Zum anderen aber auch, weil damit ein globaler Konkurrenzdruck in der Fleischproduktion zustande gekommen ist. Erstklassiges Rindfleisch aus der Pampa von Argentinien, Uruguay und Südbrasilien, das auf freier Weidehaltung erzeugt wird, geriet unter den Druck der Massenproduktion aus Europa und den USA. Da die US-amerikanische Fleischproduktion aber aufgrund der dort verfügbaren Flächengrößen für die Produktion nicht so auf Futtermittelimporte aus Südamerika oder anderen Tropen- und Subtropenregionen angewiesen ist, wirkt die europäische Produktion global stärker als Konkurrenz; und ihre Folgen sind auch, wie noch näher auszuführen ist, in globalökologischer Hinsicht gravierender.

Brasilien reagierte auf diesen zunehmenden Konkurrenzdruck mit der Ausweitung der Eigenproduktion von Fleisch nach dem Prinzip, sinkende Preise mit größerer Menge auszugleichen. Die vorher weitgehend auf die südlichen Staaten, insbesondere auf den »Pampa-Staat« Rio Grande do Sul konzentrierte Rinderhaltung wurde nun in Richtung Amazonien ausgedehnt. Doch anders als auf dem natürlichen Grasland der Pampa wuchs Gras auf den gerodeten Flächen nur einige Jahre in ausreichenden Mengen und guter Qualität. Tropischer Regenwald lässt sich nicht einfach in ertragreiches Grasland umwandeln. Als Nahrung für die Rinder eignen sich auch längst

nicht alle Gräser; am wenigsten die im tropischen Südamerika einheimischen Arten. Afrikanische Gräser sollten Alternativen bieten, Grasarten, die tropische Sonne aushalten und auf kargen Böden wachsen.

Eine ähnliche Problematik entstand bei den Rindern selbst. Das robuste Vieh der Pampa, das Criollo-Rind, kommt mit den hochtropischen Bedingungen nicht gut zurecht oder hält diese gar nicht aus. Die Criollos entstanden aus europäischen Rinderrassen in Jahrhunderten ihres Lebens auf der Pampa. Die dortigen klimatischen Verhältnisse entsprechen bzw. ähneln denen in Spanien und anderen süd- und südwesteuropäischen Regionen. Die Rinder der Pampa kamen durch eine halbnatürliche Selektion zustande, die durch die Bedingungen der subtropischen und gemäßigten Klimaverhältnisse im südlichen Südamerika stark beeinflusst war. Sie passen zu Gras und Wetter der Pampa, um es vereinfacht auszudrücken. Aber nicht zu den inneren Tropen. Für diese ungleich besser geeignet erwiesen sich Rinder vom Zebu-Typ, die unter klimatisch ähnlichen Verhältnissen Indiens als Zuchtformen des Hausrindes entstanden waren. Ihre schlanke, hochrückige Körperform kommt mit der innertropischen Hitze besser zurecht als die weit rundlicheren, kompakten Criollos und die anderen europäischen und nordamerikanischen Hochleistungs-Zuchtformen der Rinder. Mit ihrem weißgrauen, dünnen Fell nehmen sie auch weniger Sonnenwärme auf als braune oder schwarze Rinder. Mit den Zebu-Formen, in Brasilien *brahmas* genannt, ließ sich Amazonien erschließen.

Die Hervorhebung dieser Rinder hat einen tieferen Hintergrund, nämlich die Besonderheiten der Natur Amazoniens im Vergleich zu Afrika und Südostasien. In Südamerika hatte es keine Rinder gegeben. Ihnen vergleichbare Verwerter von Gras fehlten von Natur aus. Dementsprechend war auch kein Gras vorhanden, das von Natur aus auf Beweidung durch Wiederkäuer eingestellt gewesen wäre. In Afrika und Südostasien verhält es sich anders. Dort lebten in den Tropen, sogar in den echten Regenwäldern, verschiedene, durchaus recht große Rinderarten. In Afrika die Waldbüffel als kleinere Form der Savannen- oder Kaffernbüffel, in Süd- und Südostasien gleich mehrere Rinderarten in unterschiedlichen Größen, von denen insbesondere die domestizierte Form des Wasserbüffels als Nutztier eine große Bedeutung für die Menschen erlangt hat. Entsprechend existierten Gräser, und auch Buschwerk ist vorhanden, das es verhältnismäßig gut erträgt, von Rindern und anderen Wiederkäuern befressen zu werden. An die Regenwälder Afrikas und Südostasiens schließen Savannen an, in denen es ein außerordentlich artenreiches, stark spezialisiertes Spektrum von Wiederkäuern gibt. Es reicht von nur hasengroßen Kleinantilopen über Gazellen und Großantilopen bis zu den gewaltigen Büffeln. Die meisten dieser Wiederkäuer leben auf den Grasländern Ost- und Südostafrikas mit Böden vulkanischen Ursprungs und in den riesigen Überschwemmungsebenen der Flüsse. Die süd- und südostasiatischen Wiederkäuer sind dagegen ausgeprägtere Wald- und Sumpfbewohner.

Dieser Ausblick erklärt nun, wie sich die Verhältnisse in Amazonien seit den 1970er Jahren entwickelten. Auf den gerodeten Waldflächen wurde eine gänzlich andere »Natur« installiert, bestehend aus exotischen Gräsern und ebenso exotischen Grasnutzern, den Rindern. In der Pampa war wenigstens das Grasland natürlich und natürlicherweise von den Guanakos genutzt worden, Kleinkamelen aus der südamerikanischen »Eigenproduktion« der Evolution. Ihre Nutztier-Abkömmlinge sind uns als Lama und Alpaka bekannt. In ihrem außertropischen Hauptverbreitungsgebiet im südlichen Südamerika wurden sie im Laufe der europäischen Besiedlung durch Schafe ersetzt. In Amazonien gab es keine Tiere, die von Natur aus in der Lage gewesen wären, gruppen- oder, besser, herdenweise von Menschen geschaffenes Grasland zu beweiden. Nur in einem einzigen, insgesamt betrachtet recht kleinen Gebiet ließ sich ein Asiat ohne größere Veränderung der Natur erfolgreich ansiedeln, nämlich der Wasserbüffel im Mündungsdelta des Amazonas auf der riesigen Insel Marajó. Doch trotz der regelmäßigen Düngung mit natürlichen Nährstoffen, die der Amazonas mit den Überschwemmungen verursacht, blieb die Produktivität der Büffel gering. Sie erlangten nie auch nur annähernd die Bedeutung wie in Süd- und Südostasien oder lokal sogar bei uns in Mitteleuropa beim Einsatz in der Landschaftspflege. Der simple Grund ist die geringe Produktivität der Natur, die auch genügsame Wasserbüffel nicht vergrößern können.

Noch weit extremer liegen die Verhältnisse auf den Rinderweiden, die in die amazonischen Waldgebiete hineingetrieben worden waren. Auf den gerodeten Flächen ließ sich nicht nach europäischem oder nordamerikanischem Maßstab kalkulieren. Um betriebswirtschaftlich ertragreich genug zu werden, musste mit dem Mehrfachen an Weidefläche pro Rind gerechnet werden als in den afrikanischen Trockengebieten üblich, was ein Vielfaches auf europäische Verhältnisse bezogen bedeutet: Rinderfarmen von der Größe ganzer Landkreise entstanden, um nur einige Tausend Rinder darauf halten zu können. Eine Viehdichte wie in unserer Milchvieh-Stallhaltung ist schlicht unmöglich. Die Rinderhaltung musste in die Fläche gehen, um ertragreich zu werden. Dass dies überhaupt in einem gewissen Umfang gelang, lag an Unterstützungen durch internationale Finanzmittel. Ohne diese wäre Rindfleischproduktion in Amazonien schicht unwirtschaftlich.

Der Druck der hochgradig subventionierten Fleischproduktion in der EU blieb indessen hoch. Er nahm eher noch zu, weil die Massenviehhaltung immer billigeres Fleisch lieferte und mit der Ausweitung der EU nach Mittelost- und Osteuropa weitere Agrarflächen hinzukamen, die in den Genuss der Subventionen gelangten. Eine »ökologische« Gegenreaktion lag nahe und wurde auch vorgenommen, nämlich die Verlagerung und Ausweitung der Produktion auf Futtermittel im tropisch-subtropischen Südamerika und in Südostasien. Global betrachtet, fing das Vieh an, tropische Regenwälder aufzufressen. Die beiden Hauptprodukte Soja und Palmöl charakterisieren diesen zweiten Schritt, nachdem zuerst, speziell in Südamerika, eigenes Vieh auf den gerodeten Waldflächen fraß. Dessen Fleischqualität entsprach nicht gerade dem, was man aus Südbrasilien kannte und erwartete. Von Brasilianern deutscher Abstammung war zu hören, dass sie das Fleisch der Zeburinder als »Zäh-Bu« einstuften und eher für Hundefutter hielten. Wahrscheinlich ging der größere Teil wirklich in die globale Produktion von Heimtiernahrung. Der Fleischbedarf deutscher Hunde- und Katzennahrung entspricht angeblich in etwa dem Fleischbedarf der Franzosen (der Menschen wohlgemerkt!).

Jedenfalls hatte Brasilien zur Jahrtausendwende im Rinderbestand Indien erreicht und dann überholt. Allerdings mit dem gewaltigen Unterschied, dass sich die Heiligen Kühe Indiens weitgehend selbst ernähren, ohne dass für sie, und um ihr Fleisch zu gewinnen, Tausende und Abertausende Quadratkilometer Wald gerodet werden. Beide Rinder-Großbestände schicken jedoch so gewaltige Mengen Methan in die Atmosphäre, dass sie einen bedeutenden Faktor in der globalen Erwärmung darstellen. Denn Methan ist als »Klimagas« pro Kilogramm fast dreißigmal wirksamer als CO_2. Nach diesem und zusammen mit der Lachgas genannten Stickstoffverbindung N_2O, die ebenfalls aus der Landwirtschaft stammt, macht es einen kaum geringeren Anteil an der Treibhauswirkung in der Atmosphäre als das üblicherweise besonders hervorgehobene Kohlendioxid aus.

Mit der verstärkten Nutzung gerodeter Tropenwaldflächen für den Anbau von Soja verlagerte sich jedoch nicht einfach die Nutzungsform, sondern es kam ein neuer Sektor mit hohen Zuwachsraten dazu. Da gute Preise bezahlt werden, ist es längst attraktiver, Regenwald für die Erzeugung von Futtermitteln zu roden.

Das bringt mehr als seine Nutzung zur Nahrungsproduktion für die örtliche oder regionale Bevölkerung. Die Folge ist eine Konkurrenz mit der Ernährung der Menschen. Der Hunger in der Dritten Welt spiegelt die Viehhaltung in der Ersten. In Brasilien dürfte es überhaupt keinen Hunger, ja nicht einmal Mangel in der Bevölkerung geben, kämen dieser die Sojaprodukte der riesigen Rodungsflächen zugute. Es müssten keine Regenwaldflächen mehr gerodet werden, so viel Land stünde bereits zu Verfügung, um die rund 210 Millionen Menschen in Brasilien bestens zu ernähren. Grundsätzlich das Gleiche gilt für Afrika und Südostasien. Unter Hunger und Mangel leiden größere Teile der Bevölkerung, wo vorwiegend für den Export in die globalen Märkte produziert wird. Seit Jahrzehnten weiß man, dass weltweit mehr als genug wächst,

um alle Menschen angemessen zu ernähren, und dass der Hunger von Millionen in erster Linie ein »Verteilungsproblem« ist. Mit Verteilung gemeint ist allerdings nicht bloß der Transport, sondern vor allem die Zuteilung der Erträge aus der Landnutzung. Unser Stallvieh verursacht Hunger in der Welt. Warum, das ergibt sich aus der näheren Betrachtung von Soja.

Der Siegeszug der Sojabohne

Soja, *Glycine max**, so ihr wissenschaftliche Name, gehört zu den für die Ernährung der Menschen wichtigsten Kulturpflanzen. Der erzeugten Menge zufolge liegt sie zwar nicht auf den Spitzenrängen. Diese nehmen Weizen, Mais und Reis ein. Aber im Gehalt an pflanzlichem Eiweiß ist sie Spitze unter Nutzpflanzen, die großflächig angebaut werden. Ihr westlicher Name, gleichlautend im Englischen wie im Deutschen, stammt aus dem Japanischen, in dem *shōyu* eine würzige Soja-Soße bezeichnet. Besonders in Japan stellt Soja-Eiweiß einen umfangreichen Teil der Proteine, von denen sich die Menschen ernähren. Bekannteste Verarbeitungsform bei uns ist Tofu.

Die Sojabohne stammt auch aus Japan. Dort hatte sie Engelbert Kaempfer in den Jahren 1691/92 kennengelernt und für die westliche

* Die Gattungsbezeichnung *Glycine* dieses Bohnengewächses bedeutet »schmeckt süß«. Der US-amerikanische Botaniker Elmer D. Merrill hatte 1938 die ursprünglich von Linné als Dolichos = Helmbohne eingeführte Sojabohne umbenannt. Durchgesetzt hat sich die japanische Benennung. Die Sojabohne wurde in Japan schon rund 3000 Jahre vor unserer Zeitrechnung angebaut und genutzt. Unbehandelt würde sie giftig wirken. Erhitzen zerstört die Giftstoffe. Der nach Auspressung des Öls verbleibende Sojaschrot wird fast zur Gänze als Tierfutter verwendet.

Welt entdeckt. Aber erst knapp ein halbes Jahrhundert später befasste man sich in botanischen Gärten mit dieser Pflanze, ohne jedoch viel Erfolg damit zu erzielen. Dieser kam erst allmählich mit dem Anbau in den USA zustande. Große und schließlich globale Bedeutung erreichte der Sojaanbau Anfang des 20. Jahrhunderts mit ertragsstarken Sorten und der Nutzung der Bohnen zum Auspressen von Sojaöl. Ein hoher Ölgehalt gehört nämlich auch zu den Eigenschaften dieser Pflanze. Sojaöl fand zunehmend Verwendung in den Küchen Nordamerikas und Europas.

Mit geradezu explosionsartig wachsender Weltbevölkerung und dem Hunger, der nach dem Zweiten Weltkrieg viele Millionen Menschen bedrohte, rückte sodann ihr außerordentlich hoher Proteingehalt von 37 Prozent in den Fokus. Denn in der qualitativen Zusammensetzung, also dem Gehalt an verschiedenen Aminosäuren, entspricht das Soja-Eiweiß dem von Fleisch. Damit, und dies ist aus Sicht der globalen Dimension der Ernährung der Menschen nachdrücklich zu betonen, übertrifft es die Erzeugung von tierischem Eiweiß bei Weitem: als Flächenertrag in Kilogramm Protein pro Hektar, und auch im Wirkungsgrad in der sogenannten Nahrungskette. Dies liegt u. a. daran, dass bei der Fleischerzeugung im Durchschnitt nur etwa 10 bis 20 Prozent der aufgenommenen Nahrung »zu Fleisch« werden. Der große Rest geht über den Betriebsstoffwechsel der Tiere einfach verloren. Die Fleischindustrie versucht daher mit möglichst starker Beschränkung der Bewegungsmöglichkeiten der Masttiere den Wirkungsgrad des Futters zu steigern. Dem steht das Tierwohl natürlich diametral entgegen.

Das ist hier nicht weiter zu vertiefen, denn es geht um die Folgen von Soja für die Tropenwälder. Dennoch muss bekräftigt werden, dass generell mit jedem Zwischenschritt in der Nutzung von Nahrungsstoffen rund 90 Prozent von Nährstoffgehalt und Energie »verloren gehen«. Das ist eine Gesetzmäßigkeit der Natur; ein ökologisches Grundprinzip. Tiere, die sich in Spitzenpositionen längerer Nahrungsketten befinden, sind daher von Natur aus selten. Einst war der Mensch dies auch, und zwar so lange, wie er als Jäger und Sammler nomadisch umherstreifte – oder dies in jenen seltenen Fällen noch tut, in denen Ethnien dieses Lebensstils bis in unsere Zeit überlebten.

Diese Abschweifung ermöglicht es, die Problematik der Sojaerzeugung besser zu verstehen. Denn bei der Sojabohne treffen gleichsam noch weitere ökologische Grundprinzipen aufeinander. So erzielt sie den außergewöhnlich hohen Proteingehalt durch ein Zusammenleben mit besonderen Bakterien, den an den Wurzeln wucherungsartige Knöllchen erzeugenden Knöllchenbakterien mit der wissenschaftlichen Bezeichnung *Bradyrhizobium japonicum.* Diese Bakterien sind in der Lage, Stickstoff aus der Luft aufzunehmen und diesen chemisch zu binden. Die Sojapflanze zapft damit das geradezu unerschöpfliche Reservoir von Luftstickstoff für ihr Wachstum und für die Eiweißerzeugung an. Sie ist nicht darauf angewiesen, dass die benötigten Mengen im Boden in Form von Stickstoffverbindungen vorliegen. Diese müssen normalerweise meist nachgedüngt werden, wenn über Intensivkulturen die Vorräte im Boden ausgeschöpft werden. Im inzwischen als »klassisch« zu bezeichnenden Mineraldünger »Nitrophoska«, der 1927 von der BASF eingeführt worden war, machte Stickstoff (in Form von Ammoniumsalzen) folgerichtig einen hohen Anteil aus. Mit diesem Kunstdünger wurde die landwirtschaftliche Produktion auf ein neues, vorher nur unter besonders günstigen Bodenbedingungen mögliches Niveau gesteigert. Die Symbiose der Sojapflanze mit ihren Knöllchenbakterien liefert den bei der Verwendung von Kunstdünger teuren Stickstoff kostenlos. Das macht sie – und andere Hülsenfrüchte (Leguminosen), die entsprechende Wurzelbakterien-Symbiosen nutzen – landwirtschaftlich so wertvoll.

Wie bedeutsam sie ist, geht aus einer weiteren ökologischen Grundbeziehung hervor. Bei der Charakterisierung der Tropenwälder verschiedener Großregionen ist die Verfügbarkeit von Nährstoffen (Nährsalzen) in den Böden allgemein behandelt worden. Es geht aber nicht einfach um die absoluten Mengen, sondern um das Verhältnis der von den Pflanzen benötigten Nährsalze zueinander. Das »Liebigsche Minimumgesetz« besagt, dass derjenige Stoff die Höhe der Produktion begrenzt, von dem im Verhältnis zu den anderen – bezogen auf den Bedarf – am wenigsten vorhanden ist. Für die drei Hauptelemente, die für das Pflanzenwachstum nötig sind, Kohlenstoff (C), Stickstoff (N) und Phosphor (P), liegt dieses Verhältnis bei 100 (C) zu 16 (N) zu 1 (P). Den Kohlenstoff holen sich die Pflanzen aus dem Kohlen(stoff)dioxid der Luft (und geben im Gegenzug Sauerstoff ab). Den Stickstoff müssen die allermeisten Pflanzen den im Boden vorhandenen Stickstoffverbindungen (Nitraten insbesondere) entnehmen. Diese sind aber leicht wasserlöslich. Sie werden umso stärker ausgewaschen, je größer die Niederschlagsmengen sind, die im betreffenden Gebiet fallen. Wasserlöslich sind auch die Phosphate im Boden, aber diese setzt in vielen Regionen die Verwitterung von Gestein frei. Falls entsprechendes Grundgestein vorhanden ist, muss allerdings hinzugefügt werden. Phosphate liegen in vielen landwirtschaftlichen Kulturen im Mangelbereich. Die Stärke von Soja ist es nun, sich den Stickstoff aus der Luft zu holen.

So kommt der direkte Bezug zum Tropenwald zustande. Hohe Regenmengen laugen darin beständig die Böden aus. Abgesehen von flächenmäßig kleinen Gebieten mit vulkanischem Untergrund herrscht Mangel an Pflanzennährstoffen. Wasser gibt es dank der hohen Niederschläge genug. Kohlendioxid aus der Luft auch. Jahraus, jahrein liefert jeder Tag so viel Sonnenlicht und Wärme, dass all dies mehr als genug verfügbar ist. Wachsen können daher solche Pflanzen gut, die vornehmlich »ins Kraut schießen« und wenig in die Bildung nährstoffreicher Samen oder Früchte zu investieren haben. Wie Zuckerrohr. Oder auch die Gummibäume, die den Naturkautschuk liefern. Denn Zucker, Stärke und Latex sowie viele andere Pflanzenstoffe, die chemisch komplex aufgebaut sind, entstehen über die direkten Wirkungen der Photosynthese. Es handelt sich bei ihnen um sogenannte Kohlenwasserstoffe. Aus solchen besteht auch Erdöl. Wie dieses sind sie »Energieträger«, keine »Proteinträger«.

Bei Soja ist das anders. Auch beim Weizen, allerdings in viel geringerem Umfang. Denn Weizenkörner enthalten weniger als ein Drittel an (Kleber-)Eiweiß als Sojabohnen. Weizen braucht guten Boden. Weizen hat Düngung nötig, um anhaltend hohe Erträge liefern zu können. Soja braucht ungleich weniger. Das macht den großen Unterschied. Und erklärt, warum der Anbau von Soja in den Tropen und Subtropen so eminent zugenommen hat in den letzten hundert Jahren. In der kurzen Zeit zwischen Erstem und Zweitem Weltkrieg wurde in den USA die Anbaufläche für Soja, vornehmlich in den Südstaaten, von knapp 800 000 auf über 4,2 Millionen Hektar mehr als verfünffacht. Ende des 19. Jahrhunderts waren die Anbauflächen noch unbedeutend. Gegenwärtig sind es etwa 125 Millionen Hektar und 350 Millionen Tonnen

Jahresertrag, womit sie zu einer weltweit der wichtigsten Kulturpflanzen geworden ist.

Die Erfolgsgeschichte von Soja ist einzigartig. Zunehmend wird diese Bohne in außertropischen, klimatisch gemäßigten Regionen angebaut. So auch in Deutschland (Erzeugung rund 60 000 Tonnen) und Österreich (185 000 Tonnen). Doch dies sind sehr geringe Erträge, verglichen mit den Mengen der Großen, an deren Spitze die USA mit an die 125 Millionen Tonnen und Brasilien mit 120 Millionen Tonnen stehen. Mit Soja drängen die USA auch auf den EU-Markt. Noch stehen Hemmnisse entgegen, wenn Soja gentechnisch verändert ist.

Dazu ließe sich selbstverständlich viel mehr ausführen. Hier kommt es auf den Zusammenhang mit den Tropenwäldern an und darauf, wie die Sojaprodukte genutzt werden. Soja kann, wie erwähnt, keineswegs nur dort in großem Umfang angebaut werden und hohe Erträge liefern, wo feuchttropisches Klima herrscht. Tatsächlich folgen die außertropischen Staaten Argentinien, China, Indien (zumindest großenteils) und Paraguay sowie Kanada, die Ukraine, Russland und Bolivien auf den Positionen bis zu Nummer 10 der Rangfolge der größten Sojaproduzenten. Tropenwald ist hauptsächlich in Brasilien von der Sojaproduktion betroffen. Soja für den Export. Denn Brasilien nutzt lediglich 40 Prozent seiner Sojaerzeugung selbst im eigenen Land. 60 Prozent gehen in den Export. Nach Europa und China vor allem. Tendenz steigend.

In Europa bilden die Sojaimporte den Hauptteil der Futtermittel, mit denen die Massenviehhaltung versorgt wird, deren Bedarf nicht von der Eigenproduktion gedeckt werden kann. Wir importieren Soja nicht, weil wir hungern oder entsprechenden Mangel an Proteinen hätten, sondern, weil wir uns gigantische Viehbestände leisten. Mit dem damit gewonnenen Billigfleisch verzehren wir tropischen Regenwald in Südamerika und anderen Tropenregionen, in denen zunehmend Soja angebaut wird. Nicht der Mangel an Proteinen, unter dem global tatsächlich Millionen Menschen leiden, ist Ursache für die Regenwaldvernichtung durch Sojaanbau, sondern unsere hochgradig industrialisierte Fleisch- und Milcherzeugung. Sie bedarf der Tierfutterimporte weil sie die Produktivität unseres eigenen Ackerlandes bei Weitem übersteigt.

Auf unseren Fluren soll sogar, so die politische Maßgabe seit Beginn des 21. Jahrhunderts, zunehmend »Biomasse« für die Erzeugung »Grüner Energie« angebaut werden. Beim Mais entfallen darauf in Deutschland allein rund eine Million Hektar. Das System entspricht in seiner Auswirkung dem Kolonialismus des 19. Jahrhunderts, der auf Ausbeutung der unterworfenen Länder ausgerichtet war. Auf andere, geschickt kaschierte Weise wird dies mit dem Import von Futtermitteln für die Fleischindustrie weiter und für die Natur noch verheerender betrieben.

Es geht dabei um den lukrativen Export, der unter dem Deckmantel »Hunger in der Welt«, der bekämpft werden müsse, gerechtfertigt wird. Wäre die bessere Lebensmittelversorgung der Dritten Welt tatsächlich das Ziel, müsste sich die Landwirtschaft Europas auf die eigenen Ressourcen zurückziehen und keinerlei Importe an Futter- und sonstigen Hilfsmitteln mehr vornehmen. Und die Landflächen in den Tropenländern dem Eigenbedarf der dortigen Menschen überlassen. Würde all das global erzeugte Soja, das exportiert wird, wohin auch immer, für die direkte Ernährung der Menschen verfügbar sein, gäbe es keinen Hunger mehr und auch keine Mangelkrankheiten wegen qualitativ unzureichender Ernährung. Es würden die Viehbestände drastisch vermindert und der natürlichen Kapazität der Ländereien angepasst sein. Das käme dem Ziel der Erhaltung des gegenwärtig noch vorhandenen Zustandes des Weltklimas zugute. Und es würde den Zwang zur Migration von Millionen Menschen zu »den Fleischtöpfen« mit Sicherheit sehr stark einschränken, wenn nicht gar aufheben.

Wo am meisten Hunger herrscht und wo die sozialen Verhältnisse am stärksten abweichen von den Grundbedürfnissen der Menschen, wachsen keine tropischen Regenwälder. Die Problemgebiete liegen global im Wesentlichen in jenen Zonen, die sich für den Sojaanbau und auch für den dauerhaften Anbau anderer Feldfrüchte eignen. Die Menschen früherer Generationen tasteten aus guten Gründen die Substanz der Tropenwälder so gut wie gar nicht an, selbst wenn sie darin Wanderfeldbau betrieben. Es ist die Großflächenwirtschaft, die sie in die Armut trieb und Millionen Menschen hungern lässt. Soja wäre ein probates Gegenmittel, so es nicht an Vieh in den reichen Ländern verfüttert würde, sondern direkt vor Ort der armen Bevölkerung auf dem Land und in den Slums der Großstädte zugutekäme. Jedes »Schnäppchen« auf dem Fleischmarkt bei uns verursacht Hunger und Elend und steigert den Drang der davon betroffenen Menschen, sich selbst zu beteiligen an der Nutzung dieser Billigstangebote.

Wir sollten Fleisch nicht im Überfluss erzeugen und zur Konkurrenzware auf dem Weltmarkt machen, sondern allenfalls einen wirklichen Mehrbedarf von dort importieren, wo es »auf der Pampa wächst«. Wenn wir schon meinen, so viel Fleisch essen zu müssen wie gegenwärtig, was, wie wir wissen, unsere Gesundheit gefährdet. Doch genau das Gegenteil geschieht. Die Fleischerzeugung zu Ramschpreisen wird weiter mit gigantischen Summen öffentlicher Steuermittel subventioniert. Armut und Hunger in der Welt bejammern umso lauter dieselben, die

die Agrarsubventionen gutheißen und am Laufen halten. Und sich als moralische Führerfiguren darstellen. Soja ist goldwert – für diejenigen, die damit handeln.

Eine kurze Geschichte der »Grünen Energien«

Bereits in den späten 1960er Jahren begann Brasilien mit der Produktion von Bio-Äthanol aus Zuckerrohr, da das riesige Land zwar über viele Ressourcen verfügte, aber keine eigenen Erdölvorkommen hatte. Industrie und Verkehr waren daher von Erdölimporten abhängig. Wie zahlreiche andere Tropenländer auch. Energie für den Industriebedarf sollte die Wasserkraft liefern, da Brasilien über ein Flussnetz verfügt, das mehr als ein Viertel des gesamten fließenden Wassers der Erde umfasst. Elektromobilität kam für die Autos dagegen nicht infrage, zumindest damals noch nicht, da die Distanzen in dem Riesenland dafür zu groß sind und die Reichweiten der Elektroautos zu gering waren. Brasilien setzte daher auf Alkohol als Kraftstoff. Riesige Zuckerrohrplantagen konnten den Bedarf trotz rasch steigender Auto-Mobilität zunächst decken. Die Anbauflächen blieben weitgehend außerhalb des amazonischen Regenwaldes.

Aber ein anderer, sehr artenreicher Regenwald schrumpfte aufgrund der damals in Gang gekommenen wirtschaftlichen Entwicklungen, die *»Mata Atlanctica«*, der Küstenregenwald, der sich über mehr als zweitausend Kilometer von den Bergen nördlich von Rio bis in den randtropischen und subtropischen Bereich Südbrasiliens erstreckte. In den 1970er und 1980er Jahren wurde er zu rund 80 Prozent gerodet. Die verbliebenen Reste liegen stark zersplittert wie Inseln im intensiv genutzten Kulturland. Mitentscheidend für die erste Phase der Regenwaldvernichtung war die Nähe dieses Waldes zu den Bevölkerungszentren Brasiliens an der Ostküste mit den aufstrebenden Millionenstädten São Paulo, dem wirtschaftlichen Herz Brasiliens, Rio und den südlicheren Großstädten, wie Curitiba und Porto Alegre. Rund die Hälfte der brasilianischen Bevölkerung konzentrierte sich an diesem Küstenstreifen. Entsprechend nahm auch der Druck auf die *Mata Atlantica* zu.

VW do Brasil, die brasilianische Tochter des deutschen VW-Konzerns, investierte in den 1960ern jedoch (noch) in Vieh und erwarb große Ländereien im Hinterland für die Rindfleischerzeugung. Amazonien lag zu fern; bedrohlich fern aus Sicht der damaligen Militärregierung, die internationale Ambitionen befürchtete. Um dem zu begegnen, wurde Manaus, Amazoniens Zentrum, zur Freihandelszone erklärt und der Bau einer gigantischen Straße quer durch Amazonien begonnen. Diese *Transamazonica* war zwar von Anfang an höchst umstritten, aber da sie überwiegend mit internationalem Kapital gebaut wurde, spielte es keine Rolle, dass sie »von irgendwo nach nirgendwo« führte. Es ging um die Erschließung Amazoniens zur Festigung der territorialen Ansprüche, auch im Hinblick auf Erdölfunde, wie sie in den westlichen amazonischen Randgebieten in Ostbolivien und in Ecuador gemacht worden waren.

Plantagen für die Erzeugung von Bioethanol rückten dennoch nicht nach Amazonien vor; zu schlecht waren die Böden und zu lang die Transportwege. Dafür kamen landlose Siedler, die sich, zeitweise intensiv von der brasilianischen Regierung gefördert, entlang der neuen Straßen niederließen und ihre Rodungen in die Wälder trieben. Ähnliches lief im peruanischen und kolumbianischen Amazonien ab. Das wirtschaftliche Interesse richtete sich indessen verstärkt auf die Bodenschätze. Brasilien eröffnete die größte Eisenerzmine der Welt und riesige Fördergebiete für Bauxit zur Aluminiumherstellung, den Hauptrohstoff für die Flugzeugindustrie.

Anders in Südostasien. Dort setzte die Ausbreitung der Ölpalmplantagen ein, nachdem Palmöl als »Biostoff« in weit umfangreicherer Weise zu verwenden war und global nachgefragt wurde. Das wird im nächsten Kapitel näher behandelt. Nicht nur die Anfangsstadien der Entwicklung, sondern auch der rapide Anstieg zur Jahrtausendwende blieben von den internationalen und nationalen Organisationen für Umwelt- und Naturschutz weitgehend unbeachtet. Die Gründe waren sicherlich vielfältig, aber eine wichtige Rolle spielte das politische Kräftespiel, das sich im Anschluss an den für die Amerikaner verlorenen Vietnamkrieg und den Aufstieg Chinas zur Hegemonialmacht in Südostasien entwickelte. Da war es politisch nicht opportun, sich die Sympathien der Regierung Indonesiens zu verscherzen. Die Aktionen gegen die Regenwaldvernichtung konzentrierten sich auf Südamerika, insbesondere auf Brasilien, wo 1992 der »Erdgipfel von Rio« die Wende zu einem umfassenden Schutz der tropischen Regenwälder bringen sollte.

Die damals »beschlossene« Konvention zum Schutz der natürlichen Ressourcen und der nachhaltigen Entwicklung erwies sich jedoch als viel Lärm um nichts. Nicht einmal Deutschland, auf dessen Initiative die Konvention von Rio zustande gekommen war, hielt sich daran und versuchte, beispielgebend zu wirken; »als Vorreiter«, so der viel verwendete, aber rasch bedeutungslos gewordene Ausdruck dafür. »Ross und Reiter« wollte man anscheinend nicht benennen. Und mit der

Vorbildfunktion ist es bekanntlich so eine Sache: Je mehr darauf gepocht wird, desto schlechter steht es um sie. Und umso skeptischer sollte man sein.

Ganz im Gegensatz zu seinem Vorbildanspruch und in völliger Missachtung der Konvention von Rio, beteiligte sich Deutschland sogar besonders stark an der Regenwaldvernichtung durch massive Steigerung von Palmölimporten und Soja als Kraftfutter für Stallvieh. Die Energiewende gab einen zusätzlichen Schub für die Regenwaldvernichtung. Was als »Grüne Energie« angepriesen wurde und bis heute als solche gilt, gehört tatsächlich oft zu den Hauptbelastungen für die Erdatmosphäre und zu den Hauptvernichtern von Biodiversität. Die deutsche Energiewende verursacht die umfangreichsten negativen Auswirkungen auf Klima und Lebensvielfalt seit Beginn des neuen Jahrtausends.

Der zentrale Fehler wurde von Anfang an in Kauf genommen, um die Schwellenländer und die Dritte Welt »mit ins Boot« zu bekommen. Man klammerte ihre Anteile als Mitverursacher des globalen Wandels einfach aus und koppelte sogar die Auswirkungen der Ressourcennutzung der Industrieländer in der Tropen- und Subtropenwelt von diesen ab. Was deutsches Stallvieh in Südamerika und Biodiesel aus Südostasien als Kraftstoffzusatz in unseren Autos anrichten, geht in unsere nationale Bilanz nicht ein, weil die Tropenwaldrodungen nicht hier, sondern in der fernen Tropenwelt stattfinden. Dort gelten sie als Nutzung erneuerbarer Ressourcen.

Die Konvention von Rio wurde mit diesem simplen politischen Trick zur Makulatur, die Welt aber schön überschaubar geteilt in einen (für die globale Umwelt) schlimmen Norden und den guten Süden. Wobei der jenseits der Tropen liegende geographische Süden Südamerikas, Afrikas und Australien als Ableger des Nordens selbstverständlich zu diesem gerechnet werden.

Mit dieser Konstruktion waren und sind die Regenwälder der Tropen nicht zu retten. Im Gegenteil. Die Energiewende wurde für sie zum Menetekel. Grüne Politik klagt gerne darüber, dass Brasiliens Präsident die weitere Erschließung Amazoniens fördert. Doch warum die Erschließung sich rechnet und wer die Abnehmer der Produkte sind, fragt diese Politik nicht. Als im Südwinter 2019 in Brasilien größere Flächen brannten denn je, bot die deutsche Bundeskanzlerin »Hilfsgelder« für die Wiederaufforstung an. Als ob die Brände per Zufall aus Unachtsamkeit zustande gekommen wären und keine Gewinne abwerfen würden. Von der Problematik, die eine Wiederaufforstung von Wald, der kein Forst gewesen war, mit sich bringt, ganz zu schweigen.

Die politische Reaktion drückte in aller Deutlichkeit die grundlegenden Mängel aus. Diese sollten gar nicht behoben werden, ansonsten hätten andere Konsequenzen gezogen werden müssen: kein Soja mehr aus Brasilien und keine Biokraftstoffe aus Südostasien. Den USA käme eine solche agrarpolitische Wende höchst gelegen, geht es doch seit Jahren darum, dass Deutschland (und die EU) mehr Soja aus der US-amerikanischen Produktion importieren sollte. Dieser Zielsetzung kamen die Feuer in Amazonien gerade recht. Gentechnisch verändert ist ja auch das brasilianische Soja. Die politische Betroffenheit war eine Farce. Mehr nicht.

BORNEO

Kalimantan, Brunei,
Sabah, Sarawak

Borneo bildet das Zentrum des nach Amazonien größten, aber in viele Inseln zergliederten südostasiatischen Regenwaldes. Um 1950 war es noch weitgehend von tropischem Regenwald bedeckt. In diesem lebten indigene Völker mit besonderen Kulturen zusammen mit dem zweitgrößten Menschenaffen, dem Orangutan. Wald-Mensch bedeutet sein Name, und wie die Menschen die Borneos Wälder seit Jahrtausenden bewohnten, ist seine weitere Existenz aufs Höchste bedroht. Denn für Palmölplantagen wird der Wald vernichtet und mit ihm verschwindet eine Fülle besonderer Arten von Tieren und Pflanzen, die es nirgends sonst gibt. Das Sumatra-Nashorn, einst über weite Teile Südostasiens verbreitet, ist auf Borneo im Aussterben begriffen. Diese große Insel war von Menschen immer nur dünn besiedelt, denn ihre Böden sind wenig fruchtbar. Mit dem Import von Palmöl vernichten auch wir tropische Regenwälder.

1950

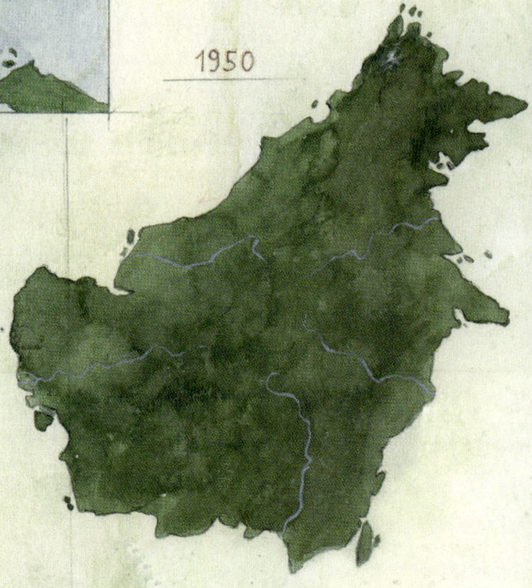

2000

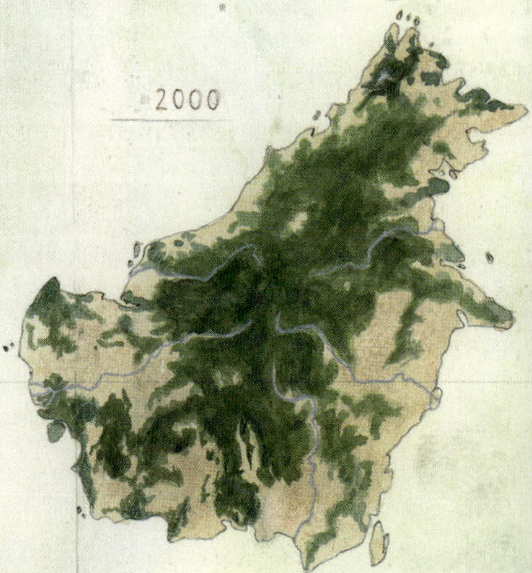

c) Rodungen – Borneo

Die fatale Rolle des Palmöls

Nach Soja ist Palmöl Hauptvernichter von Tropenwäldern. Das ist weit weniger bekannt. Die Initiative »Rettet den Regenwald e. V.« apostrophiert es als »Tod des Regenwaldes«. Übertrieben? Keineswegs! Tatsächlich hat man die Bedeutung der Anlage von Ölpalmplantagen für den Schwund der Regenwälder viel zu lange unterschätzt. Auch weil die großen Ölpalmen mit ihren riesigen Wedeln in den Satellitenaufnahmen, etwa bei der Betrachtung mit »Google Earth«, den Eindruck erwecken, »Wald« zu sein. Und sich nicht annähernd so drastisch davon abheben wie die zum Sojaanbau oder als Viehweiden gerodeten Waldflächen.

Um welche Dimensionen geht es dabei? Angaben darüber, wie sie »Rettet den Regenwald e. V.« verwendet, lassen sich Statistischen Jahrbüchern entnehmen. So importierte die Europäische Union im Jahre 2018 allein 7,6 Millionen Tonnen Palmöl. Mehr als die Hälfte davon, etwa vier Millionen Tonnen, landete als Biodiesel in den Autotanks. 2,6 Millionen Tonnen gingen in Lebensmittel, Tierfutter und in die industrielle Verwertung. Eine Million Tonnen wurde in Kraftwerken in Elektrizität oder Wärme umgewandelt. Palmöl ist in Pizza enthalten, in Keksen, Margarine, Seifen, Schminkartikeln, und, und, und … Es ist buchstäblich allgegenwärtig, ohne dass wir es bemerken.

Anders als Soja, das als Futter für Stallvieh importiert wird und vornehmlich der Massenproduktion von Fleisch dient, lässt sich Palmöl nicht so klar zuordnen. Wir nutzen es alle. Aber innerhalb der EU unterschiedlich. So landeten »dank« der Erneuerbare Energien Richtlinie, die 2009 beschlossen worden war, fast 450 000 Tonnen Palmöl und

Palmkernöl in Deutschland in den Tanks der Kraftfahrzeuge. Das verkehrte den Sinn der Nutzung erneuerbarer Energien ins Gegenteil, weil über die Vernichtung von Tropenwäldern für diese Form von Ersatz-Ölerzeugung mehr Kohlendioxid in die Atmosphäre gelangte, als eingespart wurde. Aber es schönte die deutsche Klimabilanz, weil Erzeugung und die damit verbundenen Folgeschäden sowie der Transportaufwand nach Europa rechnerisch in die Herkunftsländer verlagert, also bilanztechnisch externalisiert wurden.

Wissenschaftler, Umweltschützer und Menschenrechtler, die sich für die indigenen Völker einsetzen, die mit der Umwandlung ihrer Wälder in Palmölplantagen ihre natürliche Lebensgrundlage verlieren und meist in Slums von Großstädten landen, versuchten vergeblich, diese vom Ansatz her schon grundfalsche politische Entscheidung zu Fall zu bringen. Ganz im Gegensatz zu den Fakten verlängerte die EU am 14. Juni 2018 die Zulassung von Palmöl als Bioenergie bis 2030. Ein Jahrzehnt früher, 2021, hätte die Einstufung als »Biosprit« auslaufen können; ein verlorenes Jahrzehnt für den Regenwald und ein Riesensieg für die Lobbyisten des Biosprit-Sektors in der Landwirtschaft in Brüssel. Wir können nicht einmal mit wirkungsvollen Kaufboykotten dagegen angehen, weil Palmöl überall so diffus verbreitet ist und als Biosprit-Beimischung sich nicht unterscheiden lässt von solcher aus der Eigenproduktion. Die allermeisten Dieselfahrer nehmen daher in gutem Glauben an, die Bemischung käme der Umwelt zugute. Tatsächlich verursacht sie größere Klimaschäden als Diesel ohne diese Zugabe.

Erzeugt wird Palmöl vor allem im randtropischen und tropischen Südostasien, zunehmend aber auch in Afrika. Nahezu 30 Millionen Hektar nehmen die Ölpalmplantagen gegenwärtig ein. Und dies in Regionen, in denen sehr große und sehr dicht siedelnde Bevölkerungen ganz unmittelbar Flächen zum Leben bräuchten, auf denen sie Nahrung gewinnen können. Über 66 Millionen Tonnen Palmöl erzeugen diese Plantagen pro Jahr. Palmöl ist damit das am meisten produzierte Pflanzenöl. Es konkurriert mit Rapsöl, aber auch mit Kokosöl und anderen Sorten von Pflanzenölen. Die Haupterzeugerländer gehören längst nicht mehr zu den Ärmsten der Armen, sondern gelten als Schwellenländer. Das Argument, wir, die wir es uns leisten können, solche Produkte in großem Umfang zu importieren, würden damit die notwendige Entwicklung unterstützen, ist höchst fragwürdig geworden. Eher ist das Gegenteil der Fall, weil wenige, häufig internationale Konzerne wirklich davon profitieren, nicht aber die arme Bevölkerung vor Ort, der die Wälder als Lebensressource genommen werden. Und der de facto Belastungen des globalen Klimas angelastet werden, die tatsächlich aber wir als Palmölnutzer verursachen.

Katastrophal wirkt sich die Ausbreitung der Ölpalmplantagen auch auf die Biodiversität aus. Denn gerade dort, wo die Tropenwälder für die Plantagen gerodet werden, liegt diese besonders hoch. Südostasien stellt zusammen mit der dortigen tropischen Inselwelt ähnlich viel Biodiversität wie Amazonien mit dem tropischen Mittelamerika. Auf das tropische Afrika entfällt ein Fünftel. Dieses ist jedoch nicht minder bedeutsam, weil es völlig andere tropische Tier- und Pflanzenarten umfasst als Südamerika und Südostasien.

Ölpalmen sind genügsam. Sie wachsen durchaus gut auf Böden, die für andere Nutzungsformen nur mäßige bis unzureichende Erträge lie-

fern würden. Daher waren die Wälder, die sich darauf entwickelt hatten, sehr vielfältig und artenreich. Sie in Plantagen umzuwandeln vermindert die gesamte Leistungsfähigkeit der Natur sehr stark und konzentriert diese auf die Produktion von Öl – chemisch gesehen langkettige Kohlenwasserstoffe. Öl ist gespeicherte Sonnenenergie ohne qualitativ hochwertige Nährstoffe, da Proteine fehlen. Daher entspricht die Palmölproduktion der Erzeugung von Zucker durch das tropische Zuckerrohr in (bio-)chemischer Hinsicht. Von Palmöl direkt, wie auch von Zucker aus Zuckerohr allein, können die Menschen nicht leben. Beide sind vornehmlich Energieträger und nur indirekt Nahrungsmittel über die Beimischung zu anderen Produkten, die der Ernährung dienen. Bei Soja ist dies anders. Die Sojabohne enthält, wie ausgeführt, einen außerordentlich hohen Anteil an pflanzlichem Protein. Das macht sie in manchen Kulturen zum Fleischersatz. Doch in Südamerika herrscht kein Proteinmangel. Die Produktion des pflanzlichen Eiweißes in Form von Sojaprotein geht folgerichtig in den Export, wie auch die Überschussproduktion von Öl in Südostasien exportiert wird.

Indonesien, global führender Palmölexporteur mit 58 Prozent Anteil, und Malaysia, zweitgrößter mit 26 Prozent hingegen, haben zusammen mit über 300 Millionen Menschen eine eineinhalbmal so große Bevölkerung wie Brasilien, dies aber auf 1,25 Millionen Quadratkilometern, während Brasilien 8,25 Millionen Quadratkilometer zur Verfügung hat. Die hohen Vulkanberge abgerechnet, die es in Brasilien gar nicht gibt, liegt die Siedlungsdichte der Menschen im Haupterzeugungsgebiet von Palmöl in Südostasien also ziemlich genau zehnmal so hoch wie in Brasilien. Für die Menschen sind dies keine Zahlenspielereien, sondern knallharte, ihr Leben massiv beeinflussende Rahmenbedingungen. Für die Orang-Utans ist die Umwandlung von Wald in Ölpalmplantagen lebensbedrohlich geworden.

Daher ein kurzer Blick auf die Ölpalme, die auf die Menschen in den Regionen, in denen sie angepflanzt wird, so starken Einfluss nimmt, und auf das Klima der Erde dazu. *Elaeis guineensis* stammt, wie ihr wissenschaftlicher Artname verrät, der sich auf das westafrikanische Guinea bezieht, aus Afrika. Unter für sie günstigen Wachstumsbedingungen mit reichlichen Niederschlägen entwickelt sie bis an die 50 Kilogramm schwere Fruchtstände. Ihre Palmfrüchte sind in reif gewordenem Zustand orangerot bis intensiv dunkelrot oder fast schwarz. Sie enthalten im Fruchtfleisch das geschätzte Öl mit einem Fettanteil von 50 bis 70 Prozent. Auch der Same enthält Öl, das ausgepresst als Palmkernöl bezeichnet und in den Handel gebracht wird. Der Energiegehalt dieser Öle liegt mit knapp 900 Kilokalorien pro 10 Gramm (3773 Kilojoule) recht hoch. Die Produktion von Früchten verläuft stetig genug, sodass Jahr für Jahr anhaltend geerntet werden kann.

In ihrer afrikanischen Heimat gedieh die Ölpalme aufgrund der Bodenverhältnisse weniger gut als in Südostasien, wo die vulkanisch geprägten, geologisch jüngeren Böden und das Monsunklima bedeutend günstigere Wachstumsbedingungen bieten. Ähnlich wie beim Naturkautschuk und seiner amazonischen Herkunft, der in den Plantagen Südostasiens überhaupt erst in Reinbeständen gezogen und genutzt werden konnte, brachte die Verpflanzung der Ölpalme dorthin die hohen Erträge und ließ Palmöl zu einem global bedeutenden Naturprodukt werden. Zahlreiche Großplantagen wurden bereits zur Kolonialzeit im damals holländischen Indonesien und ab den 1920er Jahren auch in Malaysia angelegt. Viele Insekten, darunter Nashornkäfer und Palmbohrerkäfer, sowie Pilze und sogar spezielle Viren bedrohen die sehr einförmigen, gleichaltrigen Plantagen und erfordern häufig massiven Einsatz von Pflanzenschutzmitteln.

Squatter

Die größte akute Bedrohung der noch nicht von Plantagen oder Rinderweiden durchsetzten tropischen Regenwälder ist die Kettensäge mit Benzinmotor. Kettensägen haben Axt und Feuer längst abgelöst. Zum Roden größerer Flächen sind nun nicht mehr wie in früheren Zeiten Muskelkraft und Zusammenarbeit zahlreicher starker Männer vonnöten. Die Holzfäller sind Legende. Die Kettensäge macht das Eindringen von Familien und Kleingruppen in die Wälder möglich, sobald Straßen angelegt sind, die den Zugang eröffnen. Die Erschließung dieser letzten großen Landreserven der Erde für die Besiedelung durch landlose Menschen konnte dank dieser einfachen technischen Neuerung in großem Stil beginnen. Landnahme in Wild-West-Manier, auch wenn entsprechende Parzellen vom Staat zugeteilt worden waren.

Die Auflage, von der Fläche höchstens die Hälfte an Wald zu roden, schien gut gemeint, erwies sich aber als nicht zielführend, um genügend Regenwald zu erhalten. Denn mit dem Verkauf der Restfläche trat dasselbe Prinzip in Kraft, wie auch durch Zusammenlegung zahlreicher Einzelflächen zu einer großen, die dann zur Hälfte entwaldet werden durfte. In Afrika und Südostasien wurden solche Modelle gar nicht in Erwägung gezogen. Dort entschied der Druck des Faktischen, die starke Bevölkerungszunahme, wie auch weithin in Mittelamerika mit ähnlichen Verhältnissen und vergleichsweise brauchbaren Böden.

Und der Druck der Bevölkerung ist wirklich vorhanden, wenngleich aus ganz unterschiedlichen Gründen. So liegt die Siedlungsdichte in Amazonien nach wie vor sehr niedrig, und auch in weiten Teilen des Kongobeckens stünde mehr als genug geeignete Fläche für die Besiedelung durch Menschen zur Verfügung, die neues Land benötigen. Hoher Bevölkerungsdruck herrscht, wie gleichfalls bereits ausgeführt, in Zentralafrika und vor allem in Südostasien. Für die wachsende Bevölkerung gibt es nur die beiden Alternativen, entweder vorhandenes Nutzland für die Erzeugung von Lebensmitteln zu optimieren oder Wald zu roden, also in die Fläche zu gehen. Welche Option die bessere ist oder dies wäre, wenn die Besitzverhältnisse es zuließen, hängt von der Bodenqualität ab. Als Faustregel kann gelten, dass die guten Böden längst vergeben sind, also die weitere Ausbreitung in die Fläche mit unverhältnismäßig zunehmendem Flächenbedarf verbunden ist, weil die Produktivität schlecht ist. Schlechte Böden bedeuten einen erhöhten Pro-Kopf-Verbrauch von (neuen) Waldflächen. Und da die Bevölkerung in so gut wie allen Tropenländern mehr oder weniger stark wächst, entsteht zwangsläufig ein steigender Flächenbedarf.

Die Landnahme erfolgt häufig illegal und temporär, bis sich die verbrieften Besitzer durchsetzen und die Squatter vertreiben. Die Zunahme der Weltbevölkerung verursacht ein entsprechend gegenläufiges Schrumpfen der tropischen Regenwälder. Doch anders als in den 1970er und 1980er Jahren ist Bevölkerungswachstum gegenwärtig kein großes Thema.

Wie die Landnahme durch die Landlosen aber verläuft, bestimmt keineswegs allein das Anwachsen der Bevölkerung. In weitaus überwiegendem Maße spiegelt sie die Besitzverhältnisse. Die Besitzenden kanalisieren den Druck auf die noch unangetasteten, »uninteressanten« Regenwaldflächen. Sind diese erst einmal entsprechend stark angekratzt, eignen sie sich vielleicht für die Erschließung als Großfarmen, die Exportprodukte erzeugen. Mit dem Einkauf von Produkten aus Tropenfarmen fördern wir die weitere Vernichtung der Regenwälder und verstärken das Elend der Landlosen. Diese gehören zumeist nicht in die Kategorie der Regenwaldnutzer, die sich – zusammengeschlossen in funktionierende Kooperativen – selbstständig und zunehmend auch besser ernähren, weil sie, etwa durch standortgerechte integrierte Land- und Forstwirtschaft (Agroforestry), den Wald erhalten.

Die Squatter sind darauf angewiesen, den neu gerodeten Flächen so schnell wie möglich so viel wie möglich abzugewinnen. Sie leben von der Hand in den Mund und nicht nachhaltig im Sinne der Konvention von Rio. Die von ihnen ausgehende Regenwaldvernichtung ist Nebeneffekt und Folge der exportorientierten (Groß-)Farmwirtschaft. Damit fallen auch ihre Auswirkungen in unsere Mitverantwortung. Ebenso ein ganz anderer Bereich, ein Edelmetall, das wir nicht mit tropischen Regenwäldern in Verbindung bringen, aber dessen Wert immer dann, wenn der von gespartem Geld sinkt, in Rekordhöhen steigt: Gold.

Giftiges Gold

Viele tragen es am Hals und Finger und ahnen nicht, dass sie mit dem Gold dazu beigetragen haben, Leben zu vernichten. Gegenwärtig steigt sein Preis auf immer neue Höhen. Millionen Menschen hat es bereits den Tod gebracht. Die erste Kunde von Amazonien trug der Spanier Francisco Orellana in die Alte Welt. Er war auf der Suche nach El Dorado. Dieses sagenhafte Goldland wurde nicht gefunden, aber dennoch genug Gold, um das Innere christlicher Kirchen zu vergolden, nachdem den sterbenden oder dem Tod geweihten Indios, die es herbeigeschafft hatten, noch die Taufe zuteilgeworden war. Auf Amazonien ganz besonders, aber auch auf anderen Teilen der Erde lastet der Fluch des Goldes. Es nützte nichts, dass in der Bibel die Verehrung des »Goldenen Kalbes« gegeißelt worden war. Eitelkeit und Prunksucht der Menschen machten ein formbar weiches, nicht »verrostendes«, ansonsten weitgehend nutzloses, aber sehr rares Metall zum Götzen. Alle huldigen ihm, dem Goldstandard als Maß für alles Wertvolle. Selbst feinste Spuren Gold werden aus dem Sand von Flüssen gewaschen oder aus Gestein gebrochen, koste es, was es wolle, Menschenleben mit eingeschlossen. »Geld regiert die Welt« heißt es, gemeint ist aber Gold, denn der Geldwert vergeht, der Goldwert bleibt. Gerade steigt er wieder enorm.

Für die indigenen Menschen der Tropenwälder gehört es zum Schlimmsten, was passieren kann, wenn in den Flüssen, an denen sie leben, Gold gefunden wird. Mit dem hochgiftigen Quecksilber werden die Goldflittchen aus dem Sand oder Kies gewaschen. Es verseucht die Flüsse und die Fische, die darin leben. Quecksilber kann nicht unschädlich gemacht werden, wie die meisten anderen Giftstoffe, die zersetzt oder im Stoffwechsel abgebaut werden. Es lagert sich sogar besonders intensiv an biologisch aktiven, also lebendigen Oberflächen ab. Mit den von Fischen lebenden Landtieren gelangt es hinaus in die Wälder. Die Menschen am Fluss bekommen Quecksilberrückstände über fast jede Form von Nahrung, die sie zu sich nehmen. Es dauert Jahrtausende und länger, bis in die Flüsse gelangtes Quecksilber mit Hochwassern aus den Gold führenden Oberläufen nach und nach in die Ozeane ausgeschwemmt wird.

Auch von den Lagern der Goldsucher geht eine Waldvernichtung aus. Die angrenzenden Wälder werden abgefackelt, um an die Stämme zu gelangen, die für die Errichtung von Rampen und Uferbefestigungen taugen oder dafür, Flusswasser über die Waschanlagen für Sand und Kies zu leiten. Die allermeisten Goldsucher sind illegal unterwegs. Die Behörden dulden ihr Tun, sicher vielfach auch, weil sie mit Gold bestochen werden und die Stellen so abgelegen sind, an denen geschürft wird. Die Goldsucher selbst sind Glücksritter, die wie Glücksspielsüchtige der Verlockung des Goldes erliegen. Die wenigen Erfolgreichen ziehen die Massen an, wie die Lottomillionäre die Spieler. Schuld sind wir alle an diesem nicht endenden, sich immer wieder zu großen Wellen aufschaukelnden Goldrausch, weil wir bereit sind, teuer dafür zu bezahlen. Wer sich mit Gold behängt, sollte gewahr sein, dass Menschenleben und Naturvernichtung daran kleben.

Goldwäscher tragen gegenwärtig das Corona-Virus in die abgeschiedenen Rückzugsgebiete indigener Völker, wie zu den Yanomami im nördlichen Amazonasregenwald, wo nach Angaben des *Socio-Environmental Institute* (ISA) rund 20 000 illegale Goldwäscher agieren. In der Madre-de-Dios-Region in Oberamazonien gingen den Erhebungen der Zoologischen Gesellschaft Frankfurt (ZGF) zufolge durch Goldabbau

etwa 100 000 Hektar Regenwald in den letzten 30 Jahren verloren, die Hälfte davon seit 2011, so die mit der ZGF zusammenarbeitende Koordinatorin Astrid Aguilar. Auf den Regenwald von Französisch-Guayana, also einen Teil der direkten EU-Sphäre, entfielen im Jahr 2019 13 000 Hektar und auf das Territorium von Brasilien über 10 000 Hektar. Diese Angaben betreffen nicht die großen, kommerziellen Unternehmen zur Goldförderung, sondern den völlig ungeregelten und unkontrollierten Kleinbetrieb von Männern, die wie in biblischen Zeiten nach Gold schürfen, sich aber der modernen Hilfsmittel, insbesondere des so giftigen Quecksilbers bedienen.

Die Beschränkung von dessen Herstellung und Verbreitung böte den einen Ansatz zur Verbesserung der Verhältnisse. Der andere, weitaus gewichtigere, wäre, wenn wir alle uns vom Goldrausch abwenden würden. Es ist gewiss nicht ganz abwegig, anzunehmen, dass ein wesentlicher Teil der Geldentwertungen auf das Gold zurückzuführen ist, weil es in Finanzkrisen als sichere Reserve angesehen und eingesetzt wird. Ohne Gold und einige andere Edelmetalle, wie Platin, wären die Währungen vielleicht stabiler, weil sie es sein müssten – schon aus Eigeninteresse der Finanzwelt. Aber darauf zu hoffen taugt nicht einmal für eine Illusion.

Von Zoonosen und anderen Seuchen

Paradiese sind Wunschvorstellungen. Was sie alles bieten sollen, spiegelt die Mängel und die Gefahren des normalen täglichen Lebens. Gegenstück zum Paradies ist die Hölle; das Inferno, das Menschen peinigt und verschlingt. Die Vorstufen dazu bilden die Krankheiten. In Paradiesen lebt es sich paradiesisch. Im tropischen Regenwald nicht. Er ist nicht unsere Lebenswelt, auch wenn es unterschiedlichste Gruppen von Menschen auf allen Kontinenten und auf tropischen Inseln geschafft haben oder gezwungenermaßen versuchen mussten, in Regenwäldern zu leben. Darauf ist im Buch bereits an verschiedenen Stellen hingewiesen worden.

Der Mensch ist seiner körperlichen Natur nach ein Geher und Läufer, kein kletternder und schwinghangelnder Baumkronenartist. Unsere nackte Haut ermöglicht eine hocheffiziente Kühlung bei anhaltender Aktivität. Sie macht uns aber höchst anfällig für Verletzungen und Blutsauger. Aus harmlosen Kratzern können schwärende Wunden werden. Blutsauger können Krankheitserreger übertragen. Nicht das feuchtheiße, das trockenwarme Klima ist ideal für den Menschen im Naturzustand.

Mit Kleidung, die den tatsächlichen Bedürfnissen angepasst gewechselt werden kann, erweiterten die Menschen ihre Lebensmöglichkeiten fast auf den ganzen Globus. Einer »Richtung« kam dabei eine besondere Bedeutung zu, die Erschließung der außertropischen, kühl gemäßigten und kalten Regionen. Sie boten zwei ganz wesentliche Vorteile. Es gibt dort die besseren, weil ertragreicheren Böden und gesünderes Klima. Die Häufigkeit, in der die Menschen in den unterschiedlichen Klimaregionen der Erde leben, spiegelt dies. Sie ist, wie ebenfalls bereits angemerkt, in den großflächigen Tropenwäldern am geringsten. Gäbe es dort nicht die Flüsse, aus denen die Menschen Fische gewinnen und deren Wasser sie zur Bewässerung ihrer Uferkulturen verwenden, wäre die Siedlungsdichte noch geringer als in Wüsten. Wo wenig Genießbares wächst und kaum jagdbare Tiere zu erbeuten sind, können sich die Menschen zudem nicht stark vermehren.

Noch bedrohlicher für das Menschenleben in den Tropenwäldern sind allerdings die vielen Krankheiten. Denn den meisten Erregern geht es im feuchtwarmen Milieu am besten. Noch mehr gilt dies für die Überträger, die Insekten und andere Kleintiere. Wir kennen dies aus unserer eigenen Umwelt: Feuchtes und warmes Sommerwetter kommt den Stechmücken zugute. Und vielen Fliegen auch, aus deren Verwandtschaft die Bremsen stammen. Sümpfe mieden die Menschen in früheren Zeiten, wenn dies irgendwie möglich war. Malaria war im Mittelalter und bis Ende des 19. Jahrhunderts auch nördlich der Alpen weit verbreitet. Im »Erlkönig« bezieht sich Johann Wolfgang von Goethe darauf, vielleicht ohne es gewusst zu haben: »Wer reitet so spät durch Nacht und Wind …« Das fiebernde Kind hat schon Wahnvorstellungen. Der Malariafall wird fatal. »… in seinen Armen das Kind war tot«, endet das Gedicht.

Ort des Geschehens ist ein sumpfiges Gebiet in Deutschland. Die Malaria wurde durch Trockenlegung der Moore nach und nach zurückgedrängt. In Holland und Norddeutschland, am Oberrhein und an den nordbayerischen Weihergebieten war sie verbreitet, wie auch in den Sümpfen bei Rom und auf dem südöstlichen Balkan. Die Überträgermücken der Gattung *Anopheles* gibt es hier immer noch. Aber da keine mit den Malariaerregern Infizierten von ihnen Blut abgezapft bekommen, können die heimischen Fiebermücken die Malaria auch nicht mehr verbreiten; vorerst zumindest.

In den tropischen Regionen ist das Wechselfieber alles andere als eingedämmt. Vielmehr dehnen sich die Risikogebiete weiter aus, weil die Menschen günstige Lebensbedingungen für die Mücken schaffen und die Mittel gegen die Malaria-Formen immer nur unzureichend wir-

Die Insel der Paradiesvögel

Der südostasiatische Regenwald erreicht auf der 786 000 Quadratkilometer großen Insel Neuguinea seine Höchstform. So der Eindruck. Dieser täuscht und ist doch irgendwie richtig. Denn was so selbstverständlich zur Insulinde, dem riesigen Komplex tausender Tropeninseln zwischen dem südostasiatischen Kontinent und Australien gerechnet wird, hat eine so andersartige Vergangenheit, dass wir, auf die Natur bezogen, beinahe mittendurch eine Trennlinie ziehen müssen. Das geschah tatsächlich bereits im 19. Jahrhundert, als die Tier- und Pflanzenwelt der Insulinde genauer erforscht wurde. Denn zur Überraschung der Forscher, allen voran von Alfred R. Wallace, der unabhängig von Charles Darwin die natürliche Selektion als Mechanismus der Bildung von Arten und damit der Evolution des Lebendigen entdeckt hatte, hörten die Vorkommen vieler Arten entlang einer etwas gewundenen Linie zwischen den westlichen und östlichen Inseln auf. Jenseits kamen ganz andere dazu. So gibt es die typischen Arten Südostasiens oder diesen sehr nahe verwandte Spezies westlich der später noch näher präzisierten Grenzlinie, aber solche ganz anderer Herkunft, nämlich mit der Tierwelt Australiens verwandte, östlich davon.

Neuguinea bildet das Zentrum dieser östlichen, »australischen Inseln«. Dies ist ganz richtig, wie wir inzwischen wissen. Denn noch vor zwanzigtausend Jahren zum Höhepunkt der letzten Eiszeit war Neuguinea mit Australien direkt verbunden, und die nahe liegenden Inseln auch. Der Anstieg des Meeresspiegels nach dem Ende der letzten Eiszeit trennte den von einem hohen Gebirge gebildeten Komplex Neuguinea vom australischen Festland. In gleicher Weise wurden Sumatra, Borneo, Java und die meisten anderen der westlichen Erhebungen zu Inseln. Vorher bildeten sie eine Einheit mit dem Kontinentalblock von Südostasien.

Erst seit man dies weiß, sind die Besonderheiten verständlich geworden, die Neuguinea auszeichnen. Die riesige Insel beherbergte weder Tiger und Nashörner noch Menschenaffen, wie den Orang-Utan und andere Säugetiere, wie die westlichen Inseln. Die von Australien stammenden Säugetiere waren geradezu unbedeutend, wie die Baumkängurus mit ihrer noch kleineren Beuteltier-Verwandtschaft, und höchst urtümlich, wie die Eier legenden Ameisenigel. Das mit tropischem Wald bedeckte nördliche Endstück Australiens blieb eine Domäne der Vögel, weil moderne Säugetiere aus Asien den trennenden Meeresarm nicht überwinden konnten, dem die »Wallace-Linie« (modifiziert) folgt.

So kam eine höchst ungewöhnliche Nachbarschaft zustande, die besser als jede andere Region auf der Erde das Verbindende und das Trennende von Umwelt und Geschichte sichtbar werden lässt. Gemeinsam ist Neuguinea und der westlichen (indonesischen) Inselwelt die Tropennatur. Trennend wirkt aber die Geschichte. Die Welt der (australischen) Beuteltiere grenzt unmittelbar, bis auf ein paar Dutzend Kilometer offenes Meer dazwischen, an die ganz andere Welt der modernen Säugetiere mit innerer Entwicklung der Jungen im Mutterleib. Für die Vögel und die Insekten, die fliegen können, wirkte sich der schmale Grenzbereich zwar weit weniger stark aus als für die Säugetiere, aber doch stark genug, wie das Bild beispielhaft zeigt. Das größte und für Menschen durchaus auch gefährliche Tier Neuguineas ist der Helmkasuar; ein

Ornithoptera paradisea ♂
HELMKASUAR
Casuarius casuarius
Halmahera
Biak
Irian Jaya
Celebes
Borneo
Molukken
Seram
Buru
Aru
Banda
Tanimbar
WALACEA
Flores
Sunda
Timor
Sumbawa
Sumba
Australia

10. Die Insel der Paradiesvögel

Vogel also, aber ein flugunfähiger Riese aus einer recht urtümlichen Vogelgruppe. Hiebe mit seinen ungemein kräftigen Füßen können schwer verletzen. Aber von Menschen will der Kasuar eigentlich nichts wissen. Er sucht nach Art großer Hühnervögel nach Nahrung. Insofern passt er zum Eier legenden Ameisenigel und zum Känguru, das nicht mehr nach Känguruart herumhüpft, sondern im Geäst klettert. Dort stellen Vögel in eindrucksvollen Balztänzen ihr Gefieder zur Schau, das ihnen gewiss mit Berechtigung die Bezeichnung Paradiesvögel eingetragen hat. Der Rote Paradiesvogel ist ein passendes Beispiel, gleichwohl nicht das eindrucksvollste; dieses bilden Arten, die auf kunstvolle Weise tanzen.

Mit Fug und Recht lässt sich feststellen, dass die Vogelwelt im Bereich der Schönheit ihren Höhepunkt in Neuguinea erreicht hat. Und in der Welt der Schmetterlinge ganz ähnlich mit den Vogelflügelfaltern. *Ornithoptera paradisea* im Bild ist auch nur ein Beispiel unter zahlreichen, die schier unglaubliche Schönheit zeigen. Als Heimat der Paradiesvögel und der Vogelflügelfalter ist Neuguinea ziemlich bekannt. Dort entwickelten sich jedoch auch einst vor vielen Jahrmillionen die Vorfahren jener Vögel, die uns unmittelbar am Herzen liegen, die kleinen Singvögel. Und nicht genug: Neuguinea ist auch die Heimat der Banane. Mehr als jede andere Pflanze charakterisiert sie die Tropenwelt für uns Menschen.

ken. Weil die Erreger resistent dagegen werden. Der Kampf gegen die Malaria pendelt zwischen Erfolgen und Rückschlägen ohne Aussicht auf einen dauerhaften Sieg. Warum das so ist, verdeutlicht uns auch, weshalb Krankheitserreger aus den Tropenwäldern so besonders gefährlich sind.

Viele unserer Infektionskrankheiten, die weitaus überwiegende Mehrzahl in der Tat, haben sich nicht im Menschen entwickelt, sondern in den Menschen erst weiterentwickelt, nachdem sie von Tieren auf uns übergesprungen sind. Deshalb bezeichnet sie die Medizin als Zoonosen. Entscheidende Voraussetzung hierfür schafft eine anhaltend große Nähe zu den betreffenden Tieren. Tuberkulose und Brucellose kamen über das Milchvieh in die Bevölkerung. Auch Masern und Pocken sind solche Erkrankungen tierischen Ursprungs.

Solange die Menschen in Kleingruppen lebten und nicht länger an bestimmten Orten blieben, konnten sich diese Infektionskrankheiten nicht festsetzen und ausbreiten. Die Sesshaftigkeit mit Haustierhaltung hatte ihren Preis mit immer mehr Krankheiten. Die indigenen Regenwaldvölker streiften aber noch weiträumig umher. Es geschah erst in unserer Zeit, dass ihnen Grenzen gesetzt wurden und ihre traditionelle Lebensweise zugrunde ging. Die »Zivilisierung« vernichtete einen Großteil dieser Menschen. Die Überlebenden vegetieren häufig unter menschenunwürdigen Bedingungen. Zivilisiert (worden) zu sein bedeutete für die meisten den Verlust der eigenen Kultur und eine drastische Verschlechterung ihrer Lebensverhältnisse. Aus der »Sicht« der Erreger von Krankheiten war und ist das ideal. Sie bekamen beste Lebens- und Vermehrungsbedingungen. Die betroffenen Menschen sorgen ganz von selbst dafür, dass sie sich immer wieder erneuern, verändern und anpassen können.

Keineswegs war dies nur früher so. Gegenwärtig wird es den Krankheitserregern mit dem globalen Herumreisen der Menschen noch leichter gemacht, sich die Menschheit als neues Nutzungspotenzial zu erschließen. Sie springen in zunehmender Frequenz über. Die letzten gut fünfzig Jahre bescherten uns AIDS über das HIV-Virus, Ebola, SARS und nun das Corona-Virus, neben weiteren, lediglich lokal aufgetretenen Erregern. Die Quellen waren und sind Tiere, oft Tropenwaldtiere. Affen und Menschenaffen bilden für uns eine besondere Gefahr, weil sie uns Menschen verwandtschaftlich so nahestehen. Von den beiden Arten der Schimpansen trennen uns nur 1,2 Prozent genetische Unterschiede. Infolgedessen treffen auch sie die von Menschen stammenden Krankheiten oft besonders schwer, weil sie keine Immunität dagegen besitzen. Allerdings können wir umgekehrt erkrankten Schimpansen mit Medikamenten aus unserem Arsenal helfen.

Gar nicht so fern, wie zumeist angenommen wird, stehen uns die Fledermäuse verwandtschaftlich, auch die Flughunde (als Teilgruppe der Fledertiere). Die von ihnen auf Menschen überspringenden Krankheiten sind außerordentlich gefährlich, weil die Fledertiere mit ihrem Flugvermögen von Natur aus sehr starker Selektion durch Widerstandsfähigkeit gegen Erreger ausgesetzt waren, die die Kondition schwächen. Eine dermaßen heftige Selektion gibt es in der Menschheit schon lange nicht mehr. Die Entwicklung der Medizin ist gegen sie gerichtet. Ein gewaltiger Anteil der heutigen Menschen würde der natürlichen Selektion zum Opfer fallen, müssten sie plötzlich in der körperlich höchst fordernden Art und Weise nomadischer Jäger und Sammler in einfachsten Hütten leben.

Erreger, die das Atmungssystem, also Lunge, Bronchien, Rachen und Mundraum befallen, haben bei den Fledertieren die scharfe Selektion durchgemacht und sich dabei gleichsam mit ihnen und ihrem Innenleben arrangiert. Gelangen sie zu den Menschen, verursachen sie extrem heftige Reaktionen des Immunsystems, die bei einem erschreckend hohen Anteil der schwer Erkrankten zum Tod führen. Weil sie nicht mehr ausreichend atmen können und das geschwächte Herz das Gehirn und den Körper nicht mehr gut genug mit Blut versorgt.

Besonders problematisch ist es, wenn als Zwischenträger Tiere ganz anderer Art hinzukommen. Wie zum Beispiel Schuppentiere, die als Quelle der COVID-19-Viren verdächtigt wurden. Denn bei diesen Tieren läuft der Stoffwechsel recht langsam. Die Viren haben viel Zeit, sich weiterzuentwickeln, bevor die Gegenreaktionen des betroffenen Immunsystems zu heftig werden. Letztlich ist auch der Mensch in dieser Hinsicht ein idealer Zielorganismus, weil unser Stoffwechsel, auf unsere Körpermasse bezogen, tropisch langsam verläuft; viel langsamer als etwa beim Hund. Das drückt sich in den unterschiedlich hohen Körpertemperaturen aus. Mit unseren knapp 37 Grad Celsius liegen wir als Säugetiere von mittlerer Körpermasse (grober Rahmen 50 bis 100 Kilogramm bei Erwachsenen) recht niedrig.

Fieber ist die erste und häufig die wichtigste Gegenreaktion gegen Infektionen, weil die erhöhte Temperatur die Erreger schädigt oder zum Absterben bringt. Die Fieberschübe bei Malaria entsprechen diesem Versuch des Körpers, die Verursacher der Infektion durch Hitze zu vernichten. Eine längere Phase stark erhöhter Temperatur, also heftiges Fieber, wird jedoch auch für uns lebensgefährlich. Infektionskrankheiten sind unsere »Achillesferse«. Diese macht sich umso stärker bemerkbar, je älter wir werden. Denn eine Lebenserwartung von 70 und mehr Jahren liegt völlig außerhalb des Üblichen für Säugetiere unserer Körpermasse. Dieser biologische Zeitgewinn, den sehr viele alternde Menschen sehr schätzen, wird bei Infektionen, wie mit dem COVID-19-Virus, zum Hauptrisiko. Der Körper ist nicht in der Lage, längeres Fieber mit Werten bis über 40 Grad auszuhalten, noch weniger, wenn dabei die Atmung beeinträchtigt ist. Folglich gibt es stark erhöhte Sterberaten bei den alt gewordenen Menschen, wenn sie an »Corona« erkranken.

Anhand dieser Hinweise lässt sich nachvollziehen, warum es so gefährlich ist, den Regenwaldtieren zu nahezukommen. Besonders die in den Baumkronen lebenden und die zum Flug befähigten Arten können Erreger in sich tragen, mit denen sie selbst längst ins Gleichgewicht gekommen sind. Wie viele Todesopfer diese ihre Immunität gekostet hat, wissen wir nicht, und wir werden es auch nie erfahren, denn das geschah in längst vergangenen Zeiten. Was wir aber gut genug wissen, sind die Folgen von Seuchen in unserer Geschichte. Die von Nagetieren auf Menschen übergesprungene Lungenpest kostete mindestens einem Drittel der Bevölkerung Europas das Leben, als sie im 14. Jahrhundert wütete. Dabei war die Pest sogar weniger ansteckend als »Corona«.

Wir täten also gut daran, die Regenwaldtiere zu meiden. Um unser selbst willen. Das sollte leichtfallen, möchte man meinen. Niemand muss mit Dschungelaffen schmusen oder ungeschützt in Fledermaushöhlen herumsuchen. So ein distanziertes Urteil geht aber leider an der Realität vorbei. Denn zwei Kontaktquellen zu Tropenkrankheiten sind nach wie vor höchst aktiv. Die eine ist das sogenannte Buschfleisch, die andere wird beschönigend Traditionelle (Chinesische) Medizin genannt. Von Schuppentieren und ihren Hornschuppen

über pulverisiertes Nashornhorn, von Fledermäusen und der Galle von Bären über in Schnaps eingelegte Schlangen wird in Ost- und Südostasien alles Mögliche als Heil- und Potenzmittel verwendet; auch solches, was uns dafür undenkbar erscheint, wie etwa der Penisknochen vom Tiger zur Potenzsteigerung. Je rarer die betreffenden Tiere, desto höher die Preise, die bezahlt werden. Zwangsläufig kommen die Wilderer, die nach diesen Tieren jagen, mit ihnen in engsten Kontakt. So können sie zum Ausgangspunkt für neue Viren und andere Krankheitserreger werden; zum sogenannten Patient Null.

Ganz ähnlich verhält es sich mit dem Buschfleisch, wenngleich auf andere Weise. Vor allem in Afrika bildet Fleisch von Wildtieren aller Art regional einen hohen Anteil an der Ernährung der Bevölkerung. Ihre einförmige und unzureichende Kost aus ertragsarmen Feldfrüchten wird durch das Buschfleisch mit Proteinen aufgebessert. Die Bevölkerung geht damit, ohne es zu wissen oder auch nur zu ahnen, ein noch größeres Risiko ein, sich mit gefährlichen Krankheiten zu infizieren, als die Mitteleuropäer bis vor knapp einem Jahrhundert, wenn sie mit Trichinen verseuchtes Schweinefleisch oder andere Fleischsorten mit Würmern aßen. Beim Buschfleisch gibt es keine Fleischbeschau. Zudem existiert in seinem Umfeld in der Natur eine ungleich größere Fülle von Parasiten und Krankheitserregern als in Europa.

Die neokolonialistische Ausbeutung der Tropenwelt verschärfte das Buschfleischproblem. Seit Jahrzehnten ist es im tropischen Afrika vielfach attraktiver, Produkte für den Weltmarkt zu erzeugen, als in die bessere Nahrungsversorgung der eigenen Bevölkerung zu investieren. Buschfleisch müsste nicht gegessen werden, wenn eine vernünftige, nicht im Hintergrund am eigenen Profit orientierte Entwicklungspolitik gemacht würde. AIDS hätte vermieden werden können. Die Verursacher, die letztlich zum Überspringen des für Affen harmlosen, engen Verwandten von HIV geführt hatten, zahlen nicht den Preis. Den hat die Gesellschaft zu entrichten. Unser Umgang mit den Tropenwäldern und den Menschen, die dort leben, schlägt immer wieder auf uns selbst zurück und fordert ungleich größere Opfer und Kosten als die Gewinne, die einige wenige eingestrichen haben. Doch wie üblich wird nur versucht, die Symptome zu bekämpfen, nicht aber das Übel an der Wurzel anzupacken und auszurotten. Denn die Gegner sind die Mächtigen des Welthandels. Die Zukunft der Erde ist ihnen egal. Wahrscheinlich belächeln sie die Konferenzen, die in dichter Folge zur Rettung der Regenwälder oder des Weltklimas abgehalten werden und doch nur mehr Ressourcen verschlingen und die Atmosphäre stärker belasten, als dass sie im Sinne der Zielsetzung etwas erreichen.

Teil III: Die Erhaltung der Tropenwälder

Wald kaufen

Wir, die Autoren, wir würden uns am liebsten selbst Tropenwald kaufen. Eine Insel zum Beispiel, die davon noch bedeckt ist, oder ein Stück Wald an der Küste mit Ausblick aufs Meer; dorthin, wo die Sonne emporsteigt, den Wald zum Dampfen bringt, und Brüllaffen mit ihrem Morgenchor den Tag begrüßen. Wir würden zeichnen und malen, schauen und forschen. Und uns im Paradies wähnen. Herrlich naive Naturromantik.

Die Wirklichkeit sieht anders aus, als ein paar Tage Aufenthalt in einer Dschungellodge dies suggerieren. Für den man zwar viel zu bezahlen hat, der aber im Gegenzug bei Weitem zu wenig bietet, um die Erhaltung auch nur dieses Stückchens Tropenwald mit dem Naturtourismus zu garantieren. Zumal dann, wenn am Abend keine Elefanten als graue Riesen aus dem dunkelnden Grün des Dschungels mit trompetenartigen Rufen auf die Lichtung kommen oder sich ein Leopard zum geschickt ausgelegten Kadaver schleicht und das Blitzlicht von Touristenkameras über sich ergehen lässt. Die meisten Regenwälder bieten eben gerade nicht das spektakuläre Tiererleben der Savannen Afrikas oder auch der indischen Dschungel, die keine Urwälder sind, sondern seit vielen Jahrtausenden genutzte Wälder. Womit also könnte es gelingen, das Schatzhaus der Biodiversität, den tropischen Regenwald, zu erhalten? Oder bleibt dies von vornherein ein vergebliches Bemühen, zumal es die Menschen, die dort leben, selbst gar nicht wollen?

Würden wir die pessimistische Sicht teilen und alle Schutzbemühungen für hoffnungslos halten, wäre unser Buch nicht zustande gekommen. Tatsächlich sind wir überzeugt, dass es möglich ist, große Teile der Regenwälder der Tropen vor ihrer Vernichtung zu bewahren. Für unseren verhaltenen Optimismus sprechen höchst unterschiedliche Befunde und Fakten. Wie große Würfe gelingen können, macht China vor. Seit Jahren kauft es sich in Afrika und, wo noch möglich, in Südostasien ein und erwirbt Rechte zur Nutzung, auch wenn diese noch gar nicht begonnen wird. Dieser Landerwerb verläuft unspektakulär und wird kaum beachtet. Wir nehmen nun gewiss nicht an, dass China die Absicht verfolgt, mit den erworbenen Konzessionsgebieten einen besonderen Regenwaldschutz zu betreiben. Vielmehr soll dieses Beispiel zeigen, dass weit mehr geht, als nur da oder dort eine kleine Fläche aufzukaufen oder ein besonderes Gebiet als Nationalpark ausgewiesen zu bekommen. Denn überall gilt, dass Besitz- und Nutzungsrechte Vorrang haben und eher beachtet werden als staatliche Verordnungen. Wir kennen das aus unserer eigenen Natur. Privatbesitz ist ungleich besser geschützt als öffentliche Flächen. Was formal allen gehört, wird generell am wenigsten respektiert. Flächenerwerb ist daher die mit Abstand beste Möglichkeit, etwas zu schützen, wenn Schutz das Ziel ist.

Für die Tropenwälder bedeutet dies, kaufen, kaufen, kaufen, wo immer es möglich ist. Verschiedene Regenwald-Schutzorganisationen tun dies seit Jahren. Da sie und das Geld, das sie einsetzen, von außen kommen, müssen sie sich aber mit der örtlichen Bevölkerung engstens abstimmen. Über diese kann der Schutz gelingen, gegen diese kaum oder gar nicht. Internationale Schutzorganisationen benötigen deshalb regionale oder sogar lokale Partner. Deren Aufbau als Partnerorganisation zu initiieren und sie funktionsfähig zu halten ist die entscheidende Vorbedingung für den Einsatz von Spendengeldern zum Flächenerwerb. Naturschutz von der Basis her wird dieser Ansatz genannt. Auch wenn er kleinflächig arbeitet, kann ein Mosaik aus vielen Flächen, das mit der Zeit entsteht, eine große Wirkung entfalten. Unser Wunschtraum vom wunderbaren Stück Tropenwald wäre als Bausteinchen eines größeren Gefüges gar nicht so wirklichkeitsfremd.

Lebendige, gut funktionierende Beispiele bietet Costa Rica. Aber es gibt sie auch andernorts. Etwa die Forschungsstation »Panguana« im amazonischen Ostteil von Peru, gegründet vom deutschen Forscherehepaar Koepcke. Frau Koepcke kam ganz in der Nähe bei einem Flugzeugabsturz ums Leben, aber ihre Tochter Juliane überlebte – als Einzige – und führte die Station weiter. Vor einem halben Jahrhundert war »Panguana« noch Teil eines großen, zusammenhängenden Regenwaldes an einem Nebenfluss des Ucayali. Jetzt existiert es als Waldinsel, aber immer noch mit großartigem Reichtum an unterschiedlichsten Tieren und Pflanzen. »Panguana« ist ein Musterbeispiel für privates Engagement und zudem ein Schwerpunkt für die Forschung an der Biodiversität des amazonischen Regenwaldes.

Einen ähnlichen Fall erlebte ich bereits 1970 in Südbrasilien, wo ein deutschstämmiger Brasilianer einen ganzen Bergstock privat in Schutz genommen hatte, den »Spitzkopf«, so der Name des Berges in der Nähe der Stadt Blumenau im brasilianischen Bundesstaat Santa Catarina. Dort weckten mich tatsächlich Brüllaffen am Morgen und beendeten den Tag mit ihrem Chor, während zur gleichen Zeit Grauschwanzsegler *Chaetura andrei* abends von den Berghängen her im Tiefflug über die Wälder kamen und sich in atemberaubender Weise in den Kamin des Hauses am Spitzkopf stürzten. Dort übernachteten sie. Frühmorgens schien der Kamin dann schwarze Vögel auszurauchen. Zahlreiche ähnlich gelagerte Beispiele ließen sich anführen. Sie haben regelrecht Tradition. Denn die intensivere Erforschung der Tropenwelt ging von solchen privat initiierten Stationen aus.

Die Flussreisen, wie sie Alexander von Humboldt gemacht hatte, erbrachten immer nur eher flüchtige Eindrücke. Sie dienten dem Sammeln von Belegstücken, der Entdeckung neuer Arten, und sie wurden vielfach Grundlage für mehr oder weniger abenteuerliche Schilderungen. Die Forschungsstationen hingegen waren jahrelang, häufig jahrzehntelang besetzt. Sie bildeten den regionalen Fokus für die Forschung. Sie schufen auch jenen Kontakt zur örtlichen Bevölkerung, der unerlässlich ist, um dieser die Sinnhaftigkeit und die Ziele der Untersuchungen aufzuzeigen.

Selbst wenn sie die Wissenschaftler als irgendwie verrückt einstufen, erzielt der anhaltende Kontakt mit den Menschen vor Ort deren Wertschätzung für das Vorhandene. Denn wenn sich aus der Ferne gekommene Forscher so lange und so intensiv mit ihrem Fleckchen Erde, dem örtlichen Stück Wald befassen, muss etwas Besonderes damit verbunden sein. Was man hat und kennt und für uninteressant hält, weil es vertraut ist, gewinnt durch das Interesse anderer an Bedeutung. Forschung und örtlicher Schutz nutzen zumeist ganz unbeabsichtigt diese menschentypische Betrachtungsweise aus. Solange der Wald für die örtlichen Bewohner einfach nur Wald, Holzressource und Quelle von Moskitos oder anderem lästigem oder gefährlichem Getier ist, so lange werden sie nicht verstehen, dass dieser möglichst so erhalten bleiben soll, wie er ist.

Forschungsstationen und private Schutzgebiete, auch solche zum Zweck der Jagd, standen und stehen daher am Anfang des Regenwaldschutzes. In traditionellen Kulturen wurde ein vergleichbarer Effekt damit erzielt, dass bestimmte Waldbereiche und/oder Tiere mit einem »Tabu« belegt wurden. Wie stark dieses »Tabu« auch in unserer Zeit in unseren Wäldern wirkt, führen christlich-religiöse Zeichen und Bilder vor Augen, die an einzelnen Bäumen angebracht worden sind. In den Wirtschaftsforsten mit ihren in Reih und Glied stehenden Stämmen sind diese im Bayrischen Marterlbäume genannten Bäume häufig die einzigen verbliebenen alten, knorrigen Gestalten.

Das Prinzip des »Tabus« lässt sich gemäß den örtlichen und regionalen kulturellen Gegebenheiten praktisch global anwenden, wenn die Partner gefunden werden, die bei der Umsetzung helfen. Der Regenwaldschutz im kleinen Maßstab, in der Dimension von Dörfern oder lokalen Kommunen, mutiert dabei oft auch zum Schutz der kulturellen Vielfalt von Minderheiten, die von der modernen Welt in Randbereiche abgedrängt wurden. Wie die Indios in Amazonien, denen Reservate zugewiesen worden sind, als ob sie geschützt werden müssten wie Wildtiere.

Es wäre allerdings gefährlich naiv, diese indigenen Völker pauschal als »waldverträglich« oder »walderhaltend« einzustufen. Längst jagen sie

mit modernen Flinten. Nur den Besuchern präsentieren sie Pfeil und Bogen oder Blasrohre in folkloristischer Weise, während sie, wie die Papua auf Neuguinea oder Afrikaner im Kongoregenwald, längst mit dem Handy Kontakt untereinander und mit der Welt halten. Für die indigenen Völker automatisch Ausnahmen von den zum Schutz hoch bedrohter Arten unbedingt notwendigen Beschränkungen, etwa dem strikten Jagdverbot, zuzulassen würde voraussetzen, dass sie dann auch nur in ganz traditioneller Weise jagen dürfen. Das ist unrealistisch. Die einst schwer zu erbeutenden Tiere, die nun mit modernen Gewehren leicht zu erlegen sind, müssen lebendig einen höheren Wert haben als tot. Diese Problematik reicht hinein in den Kern der Wilderei. Tiere, wie etwa die Schuppentiere der afrikanischen und südasiatischen Tropenwälder, erzielen auf chinesischen Märkten so abstrus hohe Preise, dass Wilderer ihr Leben riskieren, diese mit ihrer Beute zu beliefern. Vom bloßen »Schutz« allein könnten sie nicht leben.

Das Washingtoner Artenschutzübereinkommen

Zum Schutz hochgradig bedrohter Arten und zur Bekämpfung von Wilderern, Schmugglern und bestechlichen Zollbeamten gibt es seit 1976 das Washingtoner Artenschutzübereinkommen. Auch wenn es bei Weitem nicht so wirksam ist, wie es das sein sollte, wurden damit beachtliche Fortschritte erzielt. Musterbeispiel sind der afrikanische Leopard und der tropisch-amerikanische Ozelot. Mäntel aus dem Fell dieser gefleckten Katzen waren bis in die 1980er Jahre hinein große

Die kleine Welt des Großen Pandas

Klein geworden ist sie, die Lebenswelt des Großen Pandas, des Symbols für den WWF (World Wide Fund for Nature) und damit Zeichens für Naturschutz in globaler Dimension. Sie liegt am Rand der Tropenwälder in Südwestchina, wo Bambusbestände die Bergflanken überziehen und die Täler schwer zugänglich sind. Der Große Panda ist Bambusspezialist. Er ernährt sich nahezu ausschließlich von Bambussprossen, also von »Gras« in weiterem Sinne. Denn Bambus gehört zu den Gräsern, aber zu solchen, die verholzen und damit sehr groß werden können und sehr konkurrenzkräftig sind. Viele Menschen mögen Bambussprossen als Gemüse. Genießen wir solches, bedenken wir nicht, wie wenige Proteine solch eine pflanzliche Nahrung bietet. Müssten wir, wie die Pandas, unseren Bedarf damit decken, würden wir den ganzen Tag herumsitzen, Bambus essen und verdauen müssen. Reichen würde es trotzdem nicht so recht.

Die Pandas kommen damit zurecht. Sie sind darauf spezialisiert. Sie tun sich leicht, Bambussprossen zu verzehren, so es diese in großen Beständen gibt. Immer wieder können sie sich zusammenrollen und schlafen. Sie müssen es, um die Verdauung in Ruhe laufen zu lassen. Das macht sie in unseren Augen so drollig, zumal mit ihrem so merkwürdig schwarz-weißen Fell.

Doch ihr Leben ist viel schwieriger, als es aussieht. Die Weibchen haben große Schwierigkeiten, genügend Proteine in ihrem Körper anzusammeln, die sie aber für ihr Baby brauchen. Es wird schon winzig klein geboren, ist lange hilflos und auf die Mutter angewiesen. Pandas vermehren sich langsam; zu langsam, um die unvermeidbaren Verluste auszugleichen. In freier Natur drohen sie auszusterben. Die wachsende menschliche Bevölkerung, die auch entlegene Bergregionen zu kultivieren versucht, drängt sie immer weiter zurück. Hinzu kommt, dass die Art des Bambus, von dem die Pandas hauptsächlich leben, plötzlich in weiten Regionen gleichzeitig blüht, Samen bildet und dann abstirbt. Die Pandas können dann nicht mehr wie in früheren Zeiten in andere Gebiete mit jüngeren, aufwachsenden Bambusbeständen wandern.

Die üppig scheinende randtropische Bergwelt Südwestchinas ist kein Garten Eden, in dem Sonderlinge wie die Großen Pandas leben können, sondern eine Region, in der die Beständigkeit des Wetters der Inneren Tropen übergeht in den Wechsel von Jahreszeiten und unterschiedlichen Niederschlagsverhältnissen. Die vielen Berge und Schluchten zerteilen das Land ökologisch in sehr unterschiedliche Teillebensräume. Das schafft die Voraussetzung zur Ausbildung von besonderer Vielfalt, aber bringt es auch mit sich, dass die Bestände vieler Arten klein bleiben. Weil die Flächen geeigneten Lebensraumes klein sind.

Besonders gut zeigt sich dieses Prinzip bei den Hühnervögeln, zu denen auch die Fasane gehören. Der im Bild dargestellte Tragopan ist so ein besonderer Vertreter dieser großen Vogelordnung. Sein rotes, weiß gepunktetes und geschupptes Gefieder mit dem blauen Kehl- und Halsbereich sowie den blauen »Hörnchen« auf dem Kopf erzeugt ein so außergewöhnliches Aussehen, dass man einen solchen Vogel für nicht überlebensfähig halten möchte. Doch er steht stellvertretend für weitere, schier unglaublich gefiederte Fasane, die es in diesen südostasiatischen Bergwäldern gibt. Man würde sie als »Paradiesvögel« bezeichnen wollen, gäbe es diese

Actias duberdani ♀
Bobaum · Ficus religiosa
Ginseng · Panax ginseng

11. Die kleine Welt des Großen Pandas

nicht auf Neuguinea. Tatsächlich entsprechen beide Vogelgruppen, obgleich nicht näher miteinander verwandt, einander im Hinblick auf die Fortpflanzung: Die Männchen beteiligen sich weder am Brüten noch an der Aufzucht der Jungen. »Dafür« balzen sie umso mehr und stellen sich in ihrer Pracht zur Schau.

Dass diese zustande gekommen ist, liegt an der Wahl der Weibchen, die offenbar die buntesten, extravagantesten Hähne zur Paarung bevorzugen. Sexuelle Selektion ist der Fachausdruck. Sie kommt in der Vogelwelt offenbar besonders häufig in Gebirgsregionen vor, in denen viele Sträucher und niedere Pflanzen gedeihen, die Beeren erzeugen. Die tieferen Zusammenhänge sind noch nicht so ganz geklärt. Doch wir wissen, dass sogar in der Insektenwelt unter solchen Lebensbedingungen geradezu luxuriös aussehende Formen zustande gekommen sind, wie der im Bild dargestellte Chinesische Mondspinner *Actias dubernardi* mit seinen schleppenartig verlängerten Fortsätzen an den Hinterflügeln. Ist es Zufall, dass auch manche Vogelarten dieser Region verlängerte Schwanzfedern tragen? Oder begünstigen solche Bildungen das Fliegen im turbulenten Luftraum an den Baumkronen steiler Täler und tiefer Schluchten? Die kleine Welt des Großen Pandas gehört zu den reizvollsten Naturregionen der Erde.

Mode in der mondänen Damenwelt. Nachdem Ozelot wie Leopard dem Washingtoner Artenschutzübereinkommen unterstellt wurden, kam es zu Handelsbeschränkungen bzw. de jure zum Handelsverbot. Zwar verstand es der Schwarzmarkt, die Bestimmungen zu umgehen, aber als sich die Damen im Leopard- oder Ozelotmantel nicht mehr in der Öffentlichkeit sehen lassen konnten, ohne angefeindet zu werden, ging auch der illegale Handel drastisch zurück. Die Bestände des Leoparden erholten sich; er wurde in den Nationalparks wieder erlebbar.

Beim Ozelot verlief die Entwicklung nicht so gut, wenngleich die illegalen Tötungen ebenfalls zurückgingen, weil anders als beim Leoparden bei ihm die Ernährungsgrundlage im tropischen Regenwald Mittel- und Südamerikas weit ungünstiger aussieht. In diesem liegt die Häufigkeit der Säugetiere und Vögel – gerade solcher, die in der Körpergröße zum Beuteschema des Ozelots passen würden – weit niedriger als in den Savannen Afrikas, dem Hauptlebensraum der Leoparden.

Dennoch gilt: Die Märkte bestimmen, wie attraktiv Schmuggelware ist. Für die Felle gefleckter Katzen gibt es kaum noch Abnehmer. Gegenwärtig spielt auch Federschmuck an Damenhüten aus dem Gefieder tropischer Vögel, wie von Paradiesvögeln aus Neuguinea oder Papageien aus Südamerika, keine Rolle mehr. Der Druck der öffentlichen Meinung wirkte zu stark dagegen. Rückkehrern von Tropenreisen werden immer häufiger solche Mitbringsel abgenommen, die unter die Bestimmungen des Washingtoner Artenschutzübereinkommens fallen. Und sollte der Zoll das illegal Mitgebrachte nicht entdecken, kann dieses nicht oder nur unter größter Vorsicht »gezeigt« werden, auch, weil die Stücke bei Entdeckung nachträglich abgenommen und Strafen verhängt werden.

Ein Schwarzmarkt für die vom Washingtoner Artenschutzübereinkommen erfassten Tiere und Tierprodukte sowie von Pflanzen und ihren Teilen wird sich zwar nie ganz verhindern lassen, aber die starken Beschränkungen vermindern den Druck auf die gefährdeten Arten. So können sich diese wieder erholen, wenn die Umstände es zulassen. Diese Umstände beinhalten beides, den Lebensraum, den die betreffenden Arten benötigen, und das Verhalten der Bevölkerung ihnen gegenüber. So haben Jaguare im tropischen Amerika, wie auch die Tiger in Indien und Südostasien, der Fläche nach zwar immer noch genügend Lebensraum, um ähnlich wie die Löwen in Afrika in hinreichend großen, verhältnismäßig gesicherten Beständen existieren zu können. Aber die Löwen Afrikas können Wildtiere erbeuten, die in sehr großen Beständen in den Nationalparks und Wildschutzgebieten vorhanden sind.

Jaguar und Tiger machen immer häufiger Jagd auf Rinder und andere Haustiere. In Südamerika mangelt es von Natur aus an größeren Säugetieren, aber die von den Europäern eingeführten Rinder gibt es zu vielen Millionen. Die Jaguare können sie erbeuten, wo Rinderweiden an den Regenwald grenzen und wo sich der Wald über Flussläufe mit dem offenen Weideland verzahnt. Für den Jaguar muss daher ein Toleranzverhältnis bei den Viehzüchtern gefunden werden, das ganz anders gelagert ist als etwa der Schutz des Viehs bei den Massai im tropischen Ostafrika. Dank der großen Wildtierbestände reichen dort oft ein einfacher Ringwall aus Dorngebüsch um die Stelle, wo nachts das Vieh untergebracht ist, und ein loderndes Feuer in der Nähe, um Löwen oder Leoparden abzuhalten.

Die riesigen Viehherden in Brasilien, Kolumbien, Südvenezuela und

Ostbolivien und auch außerhalb des innertropischen Bereichs lassen sich nicht auf ähnliche Weise, auch nicht mit Herdenschutzhunden, vor Angriffen durch den Jaguar schützen.

Noch viel stärker mit der Menschenwelt verzahnt sind die restlichen Vorkommensgebiete der Tiger in Süd- und Südostasien. Dort hilft, wenn überhaupt, nur die direkte Kompensation der Verluste durch Zahlungen, wie das hierzulande geschieht, wenn Nutztiere vom Wolf getötet werden. Machbar ist das allemal. Der Aufwand fällt ungleich geringer aus als das, was viele Projekte der Entwicklungshilfe kosten, verglichen mit dem, was dann vor Ort tatsächlich ankommt und bewirkt wird. Jaguare, Tiger und andere Großtiere, die aufgrund ihres natürlichen Raumanspruchs nicht in den dafür zumeist viel zu kleinen Reservaten überleben können, müssen wir schlicht bezahlen, wenn wir sie erhalten wollen. Wie auch die Wölfe. Das ist im Hinblick auf die für die Landwirtschaftsförderung aufgewandten Mittel ein Klacks.

Also verdienen Artenschutzprojekte in der Tropenwelt, ob den Regenwald oder andere Lebensräume betreffend, unsere intensivste Unterstützung. Sie sollten gefördert werden mit öffentlichen Mitteln aus dem Entwicklungsministerium, und nicht allein über private Spenden. Der Staat muss diese überstaatliche Verpflichtung übernehmen. Dazu sollte man ihn in demokratischen Gesellschaften zwingend verpflichten.

Schuldenerlass und Direktzahlungen

Dieser Zwang gilt insbesondere für Maßnahmen zum Tropenwaldschutz, die größenbedingt die Möglichkeiten von Einzelpersonen und Schutzorganisationen übersteigen. Wie es das Beispiel China vormacht, das sich global einkauft. Der »westliche Ansatz« in dieser Richtung erzielte jedoch bei Weitem nicht die gewünschte Wirkung. Es war dies der *debt for nature swap*. Mit dieser Kurzform war ein Schuldenerlass bezeichnet worden, über den Garantien zur Erhaltung von Regenwäldern, Feuchtgebieten und anderen global wichtigen Naturbereichen ausgetauscht werden sollten: Soundso viele Millionen Dollar Schulden werden erlassen, wenn dafür soundso viele Quadratkilometer Wald geschützt werden. Der Mechanismus klingt überzeugend, bewirkte aber ähnlich wenig wie der Zertifikatehandel mit CO_2 zum Schutz des Klimas. Milliarden verpufften und verflüchtigten sich dabei wirkungslos. Der Schuldenerlass zum Schutz der Wälder und der Biodiversität kam nie richtig in Schwung. Wohl auch, weil hinter den Schulden Gläubiger stehen; Gläubiger aus der großen Finanzwelt.

Der Erwerb von Nutzungsrechten auf bestimmte, klar definierte Zeitspannen, wie es China praktiziert, ist mit großer Wahrscheinlichkeit der bessere Ansatz. Für die Tropenwaldländer sogar der weitaus attraktivere. Denn wenn die Wälder gar nicht genutzt werden, sondern erhalten bleiben, streichen die Länder, die diese Rechte gewähren, nur die Vorteile ein, ohne eventuelle Nachteile in Kauf nehmen oder als Folgekosten selbst tragen zu müssen. Anstelle mit CO_2-Zertifikaten für Tropenwaldländer zu »handeln«, sollten diese Mittel für den Erwerb von Nutzungsrechten von Tropenwäldern eingesetzt werden. Die Tropenländer erhalten damit sowohl viel Geld für ihre eigene soziale und wirtschaftliche Entwicklung als auch den Anreiz, möglichst viel Wald zu erhalten, damit dieser weiterhin als attraktive Ressource verbleibt, die sich ganz einfach in Kapital umsetzen lässt. Sie müssen – und sollten auch – erst gar keine Schulden machen, die dann eventuell erlassen werden müssen, sondern sie könnten aus ihrem Naturkapital ganz direkt Kapital schlagen: Verzinsungskapital.

Für uns, die Geldgeber, bedeutet dies, dass wir für die globale Erhaltung von Biodiversität und Tropenwäldern auf ganz ähnliche Weise zahlen wie für unser eigenes kulturelles Erbe und für den Schutz unserer Umwelt. Diese ist Teil der globalen Umwelt, keine Insel, auf der wir tun und lassen können, was wir wollen. Der Klimaschutz würde dadurch überhaupt erst nachvollziehbaren Sinn bekommen. Denn was nützt es, im eigenen Land alles zu tun, um die Menge klimaschädlicher Gase zu vermindern, wenn unsere Leistungen global bedeutungslos bleiben? Ein CO_2-neutrales Deutschland wird den Anstieg des Meeresspiegels nicht bremsen (und Hamburg retten).

Weit wirkungsvoller als Rechnereien, was bei uns getan werden müsse oder nicht mehr getan werden dürfe, würde die vorrangige Berücksichtigung unserer globalen Auswirkungen sein: Importe von Futtermitteln, Palmöl(-produkten) und Tropenholz. Diese ließen sich in wenigen Jahren drastisch herunterfahren. Das würde die Vernichtungsrate von Tropenwäldern stark vermindern. Den importierten Futtermitteln und Palmölpro-

dukten müssten die Kosten der Schäden aufgelagert werden, die von der zugehörigen Waldvernichtung verursacht werden. Das Verursacherprinzip, das dem Verursacher alle Folgekosten aufbürdet, bietet das Mittel hierzu. Vorhandene Plantagen können ihrer Qualität und Nachhaltigkeit entsprechend zertifiziert werden, für Teakholz wie auch für Ölpalmen und Soja. Ein wichtiges Kriterium muss sein, in welchem Umfang sie »anderes Leben« zulassen, erhalten oder wieder ermöglichen durch Wildwuchs und spezifischen Artenschutz. In Teakplantagen können durchaus Tiger leben, wenn darin auch ihre Beutetiere vorkommen. Plantagen von Ölpalmen könnten eine reichhaltige Vogelwelt beherbergen, wenn Begleitvegetation zugelassen wird, und auch Affen und anderen Tieren attraktive Lebensräume bieten. Wir streben bei uns in Land- und Forstwirtschaft qualitativ verbesserte Produktionsbedingungen an und versuchen solche umzusetzen. Das geht dort noch viel leichter, von wo wir Tropenprodukte einkaufen. Fair Trade muss ergänzt werden mit Fair Production. So hatte es der Erdgipfel von Rio 1992 vorgesehen mit dem Ziel, die Erhaltung der Biodiversität mit nachhaltiger Entwicklung zu verbinden. Beides wäre möglich. Das Prinzip Partnerschaft gebietet so ein Vorgehen. Es wird erfolgreich werden. Denn noch ist das Potenzial dazu in der Natur vorhanden.

Unser Buch zeigt dies. Es ist kein Abgesang auf etwas, das mal existierte und nun doch verschwunden ist.

Was vermag der Naturtourismus?

Die grandiose Schönheit der Tropennatur gibt es immer noch. Sie ist erlebbar, keine zeichnerische Erfindung. Die künstlerische Darstellung musste sie sogar vermindern und zugunsten der Klarheit auf Vielfältigkeit im Detail verzichten. Jedes Bild, das einen Ausschnitt aus der Tropenwaldnatur bietet, könnte viel mehr davon enthalten; eine nicht darstellbare Fülle. Es liegt an uns, an der Wirtschaftsform der wohlhabenden Staaten und an unserer Bereitschaft, darauf Einfluss zu nehmen, wie das in demokratischen Gesellschaften geboten ist, ob und wie viel von der Vielfalt und Schönheit der Tropennatur erhalten bleibt.

Die Tropenwälder haben Zukunft, wenn wir es wollen. Millionen Menschen reisen Jahr für Jahr in die Tropenwelt. Vielerorts ist es bereits der Naturtourismus, der die Wälder und ihre Vielfalt an Tieren erhält. Auch wenn er durchaus belastend wirken kann und Fernreisen aus globaler Sicht recht problematisch sind, ist der Naturtourismus allemal besser als die Abholzung. Wie immer und überall gilt es abzuwägen. Ein reines Gut oder Schlecht gibt es nicht. Die Corona-Krise hat gezeigt, dass die drastische Verminderung des Flugverkehrs die Menge der klimawirksamen Gase durchaus beträchtlich senkt. Doch die fehlenden Touristen verursachen Arbeitslosigkeit und Armut, wo für die Bevölkerung Alternativen als Lebensgrundlage fehlen. Greifen sie nun auf die vorhandene Ressource Wald zurück, fallen die Schäden aller Wahrscheinlichkeit nach größer aus als die kleinen Gewinne durch verminderten CO_2-Ausstoß, weil weniger Flugzeuge fliegen.

Wenn wir die Tropenwälder erhalten wollen, kommen wir nicht darum herum, sie in geeigneter Weise in Wert zu setzen. Etwas, das mehr wert ist und längerfristig ein Einkommen sichert als die kurzfristige Inwertsetzung durch Abholzung. Selbst ein der Menge nach stark reduzierter Naturtourismus kann diesen Mehrwert schaffen, wenn er mit entsprechendem Kapitaltransfer aus den reichen Ländern in die Tropenwelt verbunden wird: zweckgebunden verbunden. In so einer durchaus realistischen Kombination wirken die Naturfreunde, die als Besucher kommen, als sanfter Tourismus, der sicherstellt, dass die zu schützenden Wälder erhalten werden. Dieser Tourismus wird zum Indikator für die Wirksamkeit der Abmachung, ähnlich wie die Besucher in Museen die Garanten für die nachhaltige Sicherung der Kulturschätze sind. Doch anders als im musealen Bereich geht es bei der Erhaltung der Tropenwälder nicht um die Dokumentation von Erzeugnissen der Vergangenheit, sondern um die Zukunft der Vielfalt des Lebens auf der Erde.

Weil wir die Regenwälder brauchen – eine Bilanz

Gegenwärtig, im Jahre 2020, existiert noch etwa die Hälfte der tropischen Regenwälder. Diese Feststellung ist als Befund gut und schlecht zugleich. Schlecht, weil mit den vernichteten Wäldern unwiederbringlich Arten von der Erde verschwunden sind, die nicht wiederhergestellt werden können. Was sie für die Natur bedeuteten und was sie für die Menschheit hätten bedeuten können, werden wir nie in Erfahrung bringen können. Mit der Rodung der Hälfte der tropischen Regenwälder wurde das Klima regional und überregional verändert, möglicherweise bereits global beeinflusst. Wie sehr, ist schwer zu kalkulieren. Aber da es ginge und verschiedentlich auch versucht wird, die früheren Waldgebiete wieder aufzuforsten, können die klimatisch-ökologischen Auswirkungen weitgehend rückgängig gemacht werden. Auch bei uns in Mitteleuropa wurden einst im Mittelalter gerodete Flächen in Wald zurückgeführt, sodass wir in Deutschland (wieder) fast ein Drittel Waldanteil haben. Das Aussterben von Arten ist irreversibel, Waldvernichtung lässt sich wiedergutmachen. Wie groß die Artenverluste bereits sind, wissen wir nicht, weil die Lebensvielfalt der Erde gänzlich unzureichend bekannt war, als die Waldzerstörung einsetzte.

Dem schlechten Teil des Befundes, der verloren gegangenen Hälfte, steht gegenüber, was noch vorhanden ist. Das ist viel, zumindest genug, um den größten Teil der in den Tropenwäldern lebenden Biodiversität erhalten zu können. Die Mittel und Möglichkeiten hierfür sind vorhanden. Sie erfolgreich anzuwenden setzt voraus, dass wir die neokolonialistische Ausbeutung der Tropenwelt beenden und in ein partnerschaftliches Miteinander überführen. Das kostet Geld, jedoch weitaus weniger, als wir für die Folgekosten der Waldvernichtung aufzuwenden haben.

Für den Klimaschutz ist dies bereits sehr überzeugend ausgearbeitet. Aber »das Klima« ist für die Menschen zu abstrakt. Wir leben mit dem Wetter. Mit dem Klima setzen wir uns auseinander, wenn wir in eine andere Klimazone wechseln. In den warmen Süden in den Ferien, wenn dies nach der Corona-Zeit wieder möglich ist. Dass es negative Folgen hat, wenn es wärmer wird, ist den Menschen emotional kaum zu vermitteln, außer jenen, die in Hitzeregionen leben (müssen) und darunter leiden. Änderungen des Klimas erleben wir nicht wirklich in der Spanne unseres eigenen Lebens. Denn sie vollziehen sich in errechneten Mittelwerten in Zehntelgraden der Abweichungen einer statistisch gewählten Bezugsbasis.

Anders verhält es sich mit dem gewaltsamen Schrumpfen der Wälder. Wir würden in Deutschland gewiss nicht zulassen, dass innerhalb nur eines Jahres der gesamte Schwarzwald abgeholzt würde. Ungleich geringere Waldflächen, die dem Borkenkäfer zum Opfer fallen, weil man Fichten in dafür ungeeignetem Gelände gepflanzt hatte, oder die von Trockenheit und Stürmen geschädigt sind, machen uns bereits betroffen. Wir sind bereit, dafür viel Geld aufzuwenden. Weil wir wissen, dass wir Menschen die Wälder ebenso brauchen, wie sie für den Naturhaushalt wichtig sind.

Dieses Wissen können und müssen wir auf die Wälder der Welt übertragen. Und dafür sorgen, dass sie erhalten bleiben. Einst war in Deutschland das Konzept für die Walderhaltung entwickelt worden: nachhaltige Nutzung. Genau um diese geht es, angepasst an die Verhältnisse in den Tropenwäldern.

Dank

Für ein Buch, noch dazu für eines, das eine allgemeinere Übersicht bieten soll, schöpft man aus vielen Quellen. Die angegebene Literatur deckt einen kleinen Teil davon ab. Viel brachten die eigenen Erfahrungen im Verlauf zahlreicher Reisen und Forschungsaufenthalte in den Tropen. Bei meinen langjährigen Tätigkeiten im internationalen Naturschutz wurde ich häufig konfrontiert mit der Problematik der Umsetzung guter, formal »überzeugender« Konzepte. Ihr Erfolg hing nicht allein von ausreichender Finanzierung ab. Immer wieder stellte sich die Frage: Werden die bei einem Projekt erzielten Erfolge auch Bestand haben? Für die Akteure, zumeist junge Menschen mit großem Enthusiasmus, zählte zunächst und ganz direkt das, was sie unmittelbar erreichten. Was in einem Jahrzehnt oder noch weiter in der Zukunft sein würde, muss dem Prinzip Hoffnung vorbehalten bleiben. Die häufigen Misserfolge entmutigten sie dennoch nicht. Diese Haltung ist bewundernswert. Ihr Wert bleibt, auch wenn ein Projekt rückblickend als gescheitert eingestuft werden muss. Denn allemal ist es wert, zu retten zu versuchen, was zu retten ist. Daher soll dieses Buch ihnen allen für das große, nicht selten durchaus riskante Engagement danken. Dieser Dank gilt auch den

Organisationen, die sich für den Schutz der Regenwälder einsetzen. Sie erhalten weit weniger öffentliche Resonanz und nahezu keine (entwicklungs-)politische Aufmerksamkeit als die großen Naturschutzverbände, die sich mit Problemen befassen, die uns direkt betreffen. Die Organisationen für den Regenwaldschutz verdienten es, mindestens zweistellige Millionenbeträge alljährlich aus der staatlichen Entwicklungshilfe zugeteilt zu bekommen. Das würde es ihnen ermöglichen, auch große Vorhaben anzupacken. Dass sie weitgehend mit Spenden aus der Bevölkerung arbeiten müssen, ist ein erschütternder und inakzeptabler Zustand.

Die Anregung zu diesem Buch, das nicht wie die vielen Regenwaldbücher der letzten Zeit mit großartigen Fotos brilliert, sondern in künstlerischen Bildern den Charme des Regenwaldlebens darbietet, ging für mich als Textautor von den Werken aus, die der Künstler Johann Brandstetter geschaffen hatte. Dr. Martin Brinkmann konnte als Literaturagent den Aufbau Verlag von der Idee begeistern, daraus ein »schönes Buch« zu machen. Lektor Christian Koth fügte den Anspruch hinzu, dass es gleichermaßen informativ und aufrüttelnd werden sollte. Diese beiden Ziele zu erreichen, wurde uns Verpflichtung. Dass und die Möglichkeit dazu geboten wurden, ist ein weiterer, ein sehr persönlicher Grund zu danken.

Das Schreiben eines Buches erfordert viel Zeit und Ungestörtheit. Meine Frau Miki Sakamoto-Reichholf schenkte mir beides als Rahmenbedingungen in der so schwierigen Corona-Zeit. Ihr gilt mein größter Dank.

Josef H. Reichholf, Dezember 2020

Besonders danke ich Sabine Brandstetter für die Idee, ein Regenwaldbuch zu entwickeln sowie für die eindrucksvollen Fotos, die sie auf unseren Reisen machte. Diese inspirierten mich zu vielen Motiven. Ohne meinen langjährigen Freund Andreas Thaller von der Deutschen Botschaft und seine Erfahrung hätten wir im Kongo nicht annähernd so erfolgreich reisen können. Auch ihm gebührt großer Dank.

Johann Brandstetter, Dezember 2020

Literaturhinweise

Sehr viel ist geschrieben worden über die tropischen Regenwälder seit Alexander von Humboldts »Reise in die Aequinoctial-Gegenden des Neuen Continents« (1807). In verschiedenen Ausgaben ist sein Werk verfügbar. Doch die Grundlagen der Ökologie dieses bei Weitem artenreichsten Naturraums der Erde schufen Henry Walter Bates (1866) mit »Der Naturforscher am Amazonenstrom« und Alfred Russel Wallace (1869) mit »Der Malayische Archipel«, die ebenfalls in Neuausgaben verfügbar sind. Bereits 1853 (englische Originalausgabe) hatte Wallace auch über seine Reise an den Amazonas und Rio Negro geschrieben. Als »Abenteuer am Amazonas und Rio Negro« gibt es sie in einer deutschen Ausgabe. In Amazonien waren Wallace und Bates zeitweise zusammen unterwegs. Die erste Hälfte des 19. Jahrhunderts hat daher als Beginn der Erforschung der tropischen Regenwälder zu gelten. Anders als Alexander von Humboldt und sein Begleiter Aimé Bonpland erkannten Bates und Wallace als Sammler bereits den engen Zusammenhang von Artenvielfalt und Seltenheit der Arten. Sie sahen in den Tropenwäldern keine Landreserve für die wachsende Weltbevölkerung. Obwohl weitere Forschungen folgten, zumal in Britisch Indien mit seinem großen Potential an Kolonialbeamten, die dazu beitrugen, die tropischen Arten über Sammlungen zu erfassen, wurden erst im 20. Jahrhundert vertiefte ökologische Forschungen an der Tropennatur angestellt. Zwei Darstellungen schufen international und für den deutschsprachigen Raum die Grundlagen für die »große Zeit der Tropenforschung«, die ab den 1960er Jahren einsetzte, »The Tropical Rain Forest« von P. W. Richards (1952), dessen Ausgabe von 1966 auch Grundlage für meine Doktorprüfung im Nebenfach Botanik an der Universität München wurde, weshalb ich sie besonders schätze – und »Die Tierwelt des Tropischen Regenwaldes« von Robert Mertens (1948), herausgegeben von der Senckenbergischen Naturforschenden Gesellschaft Frankfurt. Begeistert hatte mich auch »Der Tropische Regenwald« von Erwin Bünning (1956). Für mich bildeten sie das Gerüst zur Unterbringung der Flut von Büchern und fachwissenschaftlichen Veröffentlichungen, die ab den 1970er Jahren erschienen. Für den deutschsprachigen Raum einen halbwegs zufriedenstellenden Überblick darüber geben zu wollen, überschreitet Rahmen und Zielsetzung dieses Buches. Daher werden nachfolgend nur einige wenige Werke herausgegriffen, auf die sich die hier vorgetragene Argumentation stützt, oder die sich zur Vertiefung eignen. Sie stellen eine sehr persönliche Auswahl dar.

Bayerische Akademie der Wissenschaften (2013): Schutz und Nutzung von Tropenwäldern. – München.

Caufield, Catherine (1987): Der Regenwald. Ein schwindendes Paradies. – Frankfurt.

Crosby, A. W. (1986): Ecological Imperialism. The Biological Expansion of Europe, 900–1900. – Cambridge.

Datta, Asit (1993): Welthandel und Welthunger. – München.

Forsyth, Adrian & Ken Miyata (1984): Tropical Nature. Life and Death in the Rain Forests of Central and South America. – New York.

Goldammer, Johann Georg (1993): Feuer in Waldökosystemen der Tropen und Subtropen. – Basel.

Goulding, Michael (1980): The Fishes and the Forest. Explorations in Amazonian Natural History. – Berkeley.

Herkendell, Josef & Eckehard Koch (1991): Bodenzerstörung in den Tropen. – München.

Holm-Nielsen, L. B., I. C. Nielsen & H. Balslev eds.(1989): Tropical Forests. Botanical Dynamics, Speciation, and Diversity. – London.

Kolbert, Elizabeth (2015): Das sechste Sterben. – Berlin.

Lamprecht, Hans (1986): Waldbau in den Tropen. – Hamburg.

Leibenguth, Friedrich (2006): Skizzen aus Malaya. Evolution in den Tropen. – Bad Honnef.

Martin, Claude (1989): Die Regenwälder Westafrikas. Ökologie, Bedrohung, Schutz. – Basel.

Martin, Claude (2015): Endspiel. Wie wir das Schicksal der tropischen Regenwälder noch wenden können. – München.

Müller, Wolfgang (1995): Die Indianer Amazoniens. – München.

O'Hanlon, Redmond (1996): Congo Journey. – New York.

Primack, Richard & Richard Corlett (2005): Tropical Rain Forests. An Ecological and Biogeographical Comparison. – Oxford.

Reichholf, Josef H. (1990/2010): Der Tropische Regenwald. Die Ökobiologie des artenreichsten Naturraums der Erde. – München/Frankfurt.

Roosevelt, Anna ed. (1994): Amazonian Indians. From Prehistory to Present. –Tucson.

Schultes, Richard Evans & Robert F. Raffauf (1990): The Healing Forest. – Portland, Oregon.

Terborgh, John (1993): Lebensraum Regenwald. Zentrum biologischer Vielfalt. – Heidelberg.

Weischet, Walter (1977): Die ökologische Benachteiligung der Tropen. – Stuttgart.

Whitmore, T. C. (1975): Tropical rain forests in the Far East. – Oxford.

Regenwaldforschung und Organisationen für Regenwaldschutz

Gesellschaft für Tropenökologie (www.soctropecl.eu)
Pro Regenwald e. V. (www.pro-regenwald.de)
Rettet den Regenwald e. V. (www.regenwald.org)
Smithsonian Tropical Research Institute (Panama & Washington)
WWF Deutschland (www.wwf.de)
Zoologische Gesellschaft Frankfurt (www.zgf.de)